GONGYE DAMA
SHENGWU JISHU YANJIU JINZHAN

工业大麻
生物技术研究进展

张利国　等　著

中国农业科学技术出版社

图书在版编目（CIP）数据

工业大麻生物技术研究进展 / 张利国等著. -- 北京:
中国农业科学技术出版社，2024.1
ISBN 978-7-5116-6706-9

Ⅰ. ①工… Ⅱ. ①张… Ⅲ. ①大麻—生物技术—研究
Ⅳ. ①S563.3

中国国家版本馆CIP数据核字（2024）第028909号

责任编辑 李　华
责任校对 李向荣
责任印制 姜义伟　王思文

出 版 者 中国农业科学技术出版社
北京市中关村南大街 12 号　　邮编：100081
电　　话（010）82109708（编辑室）（010）82106624（发行部）
（010）82109709（读者服务部）
网　　址 https://castp.caas.cn
经 销 者 各地新华书店
印 刷 者 北京建宏印刷有限公司
开　　本 170 mm×240 mm　1/16
印　　张 14.75
字　　数 263 千字
版　　次 2024 年 1 月第 1 版　2024 年 1 月第 1 次印刷
定　　价 98.00 元

《工业大麻生物技术研究进展》
著者名单

主　著　张利国　边道林

副主著　张元野　隋　月　房郁妍　李国泰
郑　楠　闫博巍　张效霏　柴梦龙
王江旭　郭　炜

参　著　张　明　陈　思　董晓慧　王　舒
刘　琦　郎　闯　李一丹　谭　巍
刘玲玲　张　研　高　嬉

前言

大麻（*Cannabis sativa* L.），又名汉麻、线麻、火麻和寒麻等，为双子叶植物纲荨麻目桑科大麻属植物，一年生直立草本，通常高 1~3 m。工业大麻是指 THC（四氢大麻酚，神经致幻成瘾性成分）含量低于 0.3%的大麻，我国将工业大麻又称为汉麻，其不具备 THC 提取价值。工业大麻籽、花叶、皮、秆和根等部位的组织或提取物可应用于药品、食品、化妆品和纺织等多个行业。欧美国家的工业大麻产品已经应用到人们生活的方方面面，形成了一个大产业，纤维用于纺织；花叶、籽粒用于制药、添加剂和保健品等；麻屑用于造纸、板材等，产品附加值提高了 20~30 倍。在我国，工业大麻种植已有 5 000 年历史，目前是全球领先的工业大麻种植、处理、加工及出口国。据统计，欧洲、中国、美国与加拿大是世界上主要的工业大麻生产地区，其中中国种植面积最大，约占全世界一半，主要分布在黑龙江、安徽、河南、山东、山西和云南等省。

近年来，随着工业大麻纤维产品在国内外强势走俏，国内工业大麻种植业开始复苏。在我国种植业结构调整和农业供给侧结构性改革的时代背景下，工业大麻以其种植效益高、改良土壤、产业链长、产品种类多、用途广泛、附加值高等优点，必将赢来巨大的市场前景和产业发展空间。随着我国科技的高速发展和飞速创新，生物技术已被广泛运用于种植行业中，推动了农业产业综合全面发展。生物技术的贡献体现在以下几个方面：一是提高了农作物的总产量，改善了我国粮食紧缺等问题；二是极大地提高了农作物品质，使食品安全得到保障；三是使农作物有更强的抗病性，减轻了病害的发生；四是保护了自然环境，维护了生态平衡。

为适应工业大麻产业快速发展进程，更好地服务工业大麻产业相关科学研究，进一步做好工业大麻产业科普工作，著者根据长期科学试验获得的数据与资料，结合广泛收集的国内外文献，编著此书，系统阐释了工业大麻基因编辑技术、组织培养技术、分子标记研究等一系列生物技术研究进展。此书既是一本技术指导用书，又兼具科普读物性质，不但适合从事工业大麻基础研究的科研人员参考使用，也适用于对工业大麻产业有兴趣的非从业者。

由于水平所限，不当之处，敬请读者批评指正。

著　者

2024 年 1 月

目录

1 基因编辑及转化技术现状与进展 …… 1
1.1 基因编辑技术 …… 1
1.2 植物中基因编辑技术的应用 …… 4
1.3 工业大麻中基因编辑技术的应用 …… 7
2 工业大麻性别遗传研究进展 …… 15
2.1 植物性别分化 …… 15
2.2 工业大麻性别分化 …… 19
2.3 工业大麻性别鉴定生物技术研究进展 …… 22
3 工业大麻酚类物质形成的分子研究进展 …… 28
3.1 工业大麻酚类物质的基础研究 …… 29
3.2 工业大麻酚类物质产生的分子机制 …… 34
3.3 工业大麻酚类物质合成关键酶的分子研究 …… 42
4 工业大麻组织培养技术研究进展 …… 53
4.1 植物组织培养概述 …… 53
4.2 植物组织培养基本操作 …… 53
4.3 植物愈伤组织培养 …… 58
4.4 植物脱毒技术 …… 60
4.5 植物离体快繁技术 …… 63
4.6 植物胚胎培养 …… 66
4.7 植物花粉与花药培养 …… 69
4.8 植物细胞培养 …… 70
4.9 植物原生质体培养 …… 74
4.10 其他技术 …… 76
4.11 工业大麻的组织培养 …… 78

5 分子标记研究现状与进展 ······ 90
5.1 分子标记技术概述 ······ 90
5.2 分子标记技术原理及应用 ······ 90
6 无融合生殖的进展与应用 ······ 100
6.1 无融合生殖概述 ······ 100
6.2 植物无融合生殖类型 ······ 100
6.3 无融合生殖鉴定方法 ······ 102
6.4 无融合生殖研究进展及应用 ······ 104
7 工业大麻逆境胁迫分子研究进展 ······ 111
7.1 植物逆境胁迫概述 ······ 111
7.2 植物干旱胁迫分子研究 ······ 111
7.3 植物盐胁迫分子研究 ······ 113
7.4 植物高温胁迫分子研究 ······ 116
7.5 工业大麻逆境胁迫研究进展 ······ 118
8 不同植物激素对工业大麻生长的调控研究 ······ 122
8.1 植物激素对植物生长的影响 ······ 122
8.2 植物激素对工业大麻生长的影响 ······ 125
主要参考文献 ······ 129
附录 ······ 138
附录一 大麻系列制品通用技术要求 ······ 138
附录二 大麻纤维加工 废弃物利用指南 ······ 145
附录三 工业大麻标准体系构建原则 ······ 151
附录四 工业大麻温室扦插育苗技术规程 ······ 163
附录五 工业大麻芽期耐盐碱性鉴定技术规程 ······ 167
附录六 工业大麻种质资源评价规范 ······ 172
附录七 纤维用工业大麻田间试验技术规程 ······ 183
附录八 纤用工业大麻生产技术规程 ······ 214
附录九 籽用大麻生产技术规程 ······ 219
附录十 籽用工业大麻高产栽培技术规程 ······ 223

1 基因编辑及转化技术现状与进展

1.1 基因编辑技术

细胞受极端条件的刺激，如放射线照射、高温或化学药剂处理等，会造成基因组 DNA 双链断裂（Double strand breaks，DSBs），一旦产生 DSBs，DNA 的复制基因表达等最基础的生命活动都会受到严重影响。因此，DSBs 产生后，细胞会立即启动各种修复机制进行修复，以维持正常的生理功能。DSBs 修复是一个非常复杂的过程，根据修复方式的不同，可分为同源重组（Homologous recombination，HR）和非同源末端连接（Non-homologous end joining，NHEJ）两种类型。NHEJ 主要发生在不再进行复制的细胞中，这种修复是不精确的，通常会在断裂位点造成 DNA 片段的缺失，从而引起突变；而 HR 则主要发生在能够进行复制的细胞中，是以同源染色体为模板经过同源重组进行的精确修复。根据 NHEJ 和 HR 修复 DSBs 的特点，科研人员在基因组的特定位置人为产生 DSBs，诱导 NHEJ 或 HR 修复过程的启动，即可在基因组的特定位置产生突变，甚至是定向突变。目前人工产生 DSBs 的方法主要有锌指核酸酶（Zine finger nucleases，ZFNs）、TALEN（Transcription activator-like effector nucleases）、CRISPR/Cas9 等技术。

1.1.1 一代基因编辑技术

最初，ZFN 技术主要应用于酵母和动物细胞，经过多年的实验改进，ZFN 在植物中的应用也越来越广泛。锌指核酸酶是由锌指蛋白与核酸内切酶 Fok Ⅰ 的 C 端核酸剪切结构域组成的融合蛋白。Fok Ⅰ 是来自海床黄杆菌的一种限制性内切酶，其识别序列为 GGATG，酶切位点则在识别位点的下游若干个碱基处，这与常用的核酸内切酶不同。当 Fok Ⅰ 的 C 端核酸剪切结构域与其他蛋白组成融合蛋白时，其剪切功能依然存在，这些特点为锌指核酸酶的构建提供了便利。另外，Fok Ⅰ只在二聚体状态时才有酶切活性，这一特性为锌指核酸酶对基因组特异位点的识别和剪切提供了保障，也为特异 ZFNs 的人工设计提供了方便。每个 Fok Ⅰ单体与 3 个锌指蛋白单元相连，构成一个 ZFN 单体，识别特定的核酸位点。当 2 个识别位点相距恰当的距离时（6~8bp），2 个 ZFNs 单体形成二聚体，产生酶切功能，从而达到 DNA 定点剪切的目的，每个锌指单元能够特异识别 3 个核苷酸碱基，3 个串联的锌指单元能够特异识别 9 个碱基；Fok Ⅰ形成二聚体后，ZFNs 能够特异识别 18 个碱基序列，2 个 Fok Ⅰ单体特异结合序列之间有 6~8 个碱基的间隔序列，核酸内切酶活性将结合位点的 DNA 切开。

锌指核酸酶对基因组特异位点序列的识别由锌指蛋白决定。锌指蛋白是真核生物中普遍存在的基因转录调控因子，通过结合 Zn^{2+}可以自我折叠形成“手指”结构的一类蛋白质，通常由一系列的锌指组成。锌指蛋白由于其自身的结构特点，可以选择性地结合特异的靶分子 DNA、RNA、DNA-RNA 序列，在转录和翻译水平上调控基因的表达，最终使其在细胞分化、胚胎发育等生命过程中发挥重要作用。根据锌指蛋白单元识别三联体密码子的特异性和可塑性，可以人工设计 6~8 个锌指蛋白单元，其识别的序列出现的概率为 418~424bp，基本上可以覆盖已知所有物种的基因组。由于植物细胞主要通过 NHEJ 途径对基因组进行修饰，通过 HR 进行定点整合的概率很低，因此在植物细胞中进行靶向定点整合外源基因的难度较大。在酵母细胞中，几乎 100%的基因可以通过定点突变实现基因的精确插入，在动物胚胎干细胞中重组的频率为 1%左右，但在水稻、烟草中的频率只有 0.001%~0.01%，此外还有细胞毒性问题亟待解决。

1.1.2 二代基因编辑技术

TALEs 是植物病原菌黄单胞菌注入到宿主细胞内的一类蛋白效应子，能够调节植物细胞特定基因的转录而导致宿主病变。TALEs 的 DNA 结合结构域的核心部分一般由 1.5~33.5 个基本重复单元组成的重复氨基酸序列，每个单元包含约 34 个氨基酸残基，其中有 32 个氨基酸高度保守，第 12 位和第 13 位的氨基酸残基为重复可变双残基（Repeat variable di-residue，RVD），它决定了该单元识别 DNA 碱基的特异性。利用 TALE-DNA 分子密码中 RVD 与脱氧核糖核酸酶的对应关系，研究人员对 TALE 蛋白进行了多种修饰，例如把

TALE 中的转录激活结构域（Activation domain，AD）替换成重组酶、转录激活剂或抑制剂等，使其发挥不同生物学效应。随着 TALEN 技术的不断发展和非限制性核酸酶 Fok I 的广泛应用，2011 年，科学家首次把 TALE 中的 AD 替换成核酸内切酶 Fok I，构建成 TALEN，从而实现了对基因组的特定靶位点进行定点编辑的目的。

TALEN 实现的基因定点编辑的方式与 ZFN 类似，是通过对基因进行剪切产生 DSB，进而诱发损伤 DNA 修复，如 HR、NHEJ 等，实现对基因组的特定位点的各种遗传修饰，如特定位点外源基因片段的插入、缺失、替换或修复等。TALEN 技术的关键是 TALEs 的人工构建，由于 TALE-DNA 结合结构域的分子密码相当简洁，使得靶 DNA 的选择和设计有据可依。选择理想的靶位点能显著提高 TALEN 对靶 DNA 识别、结合的特异性和 TALEN 的基因打靶效率。经过大量实验，TALEN 靶点选择原则由原来的 5 条，缩减为只需遵从一个原则，即“TALEN 靶位点 5′端的前一位（第 0 位）碱基应为胸腺嘧啶（T）”。随着人们对 TALEN 研究的逐步深入，靶位点选择越来越灵活，使 TALEN 在基因组的靶向修饰中的应用日益广泛。

1.1.3　三代基因编辑技术

20 世纪 80 年代，日本科学家 Ishinoy 等在研究大肠杆菌 *iap* 基因时，发现其 3′端含有 29 个核苷酸高度重复序列，被 32 个核苷酸序列间隔分开，但这些序列的作用并不清楚。2000 年，西班牙科学家 Mojica 等也在多种微生物中发现类似的重复序列。直到 2002 年，Jansen 等在大量细菌和古细菌中发现了一类特征明显，排序整齐的简单重复序列，将其命名为规律间隔成簇短回文重复序列相关系统（Clustered regularly interspaced short palidromic repeats，CRISPR）。2007 年，Barrangou 等在研究噬菌体攻击嗜热链球菌时，证实 CRISPR 系统是一种适应性免疫系统，病毒入侵嗜热链球菌时，被整合到链球菌基因组中形成一个新的间隔序列，当同一病毒再次感染宿主，细菌便对其产生了抵抗力。如果改变间隔序列，则会影响细菌对病毒的免疫能力。

2008 年，在大肠杆菌中发现来自噬菌体间隔序列被转录成小 RNA，称为 CRISPR RNA（crRNA），其引导 Cas 蛋白至靶 DNA。2010 年，发现 CRISPR/Cas9 在 PAM 序列上游精确切割，使 DNA 发生断裂。Cas9 是Ⅱ型 CRISPR 系统切割唯一需要的蛋白，它与 crRNAs 共同介导发挥 CRISPR/Cas9 的编辑功能。2011 年，发现 CRISPR 系统除 crRNA 外还有一种小 RNA，命名为反式激活

CRISPR RNA（tracrRNA），长度为 24 个核苷酸，与 crRNA 互补配对形成双链，引导 Cas9 至目标 DNA。至此，天然 CRISPR/Cas9 系统的干扰机制被研究清楚。2012 年，在体外系统证明了 crRNA 通过碱基互补配对与 tracrRNA 形成双链 RNA，引导 Cas9 在目标 DNA 的 PAM 位点上游 3 个核苷酸处发生精确的平端切割。crRNA 可融合为单链向导 RNA（single guide）发挥引导 Cas9 的作用，此外 sgRNA 可减少到 20nt，仍然具引导 Cas9 在靶位点发生有效切割的作用。2016 年，在纤毛菌中发现 CRISPR 酶 Cas13a 蛋白具有 RNA 介导的 RNA 酶功能，半年后又发现了另一种同类酶 Cas13b。近年来，CRISPR/Cpf1 基因编辑系统以及 CRISPR/Cas13a 和 CRISPR/Cas13b 等其他基因编辑系统也得到更广泛地关注和应用。未来这些新型基因编辑技术在植物分子育种中的进一步应用，必将带来植物育种的新的巨大变革。

CRISPR/Cas9 系统主要包括 Cas9 蛋白和 sgRNA 两个重要组分，sgRNA 主要识别靶向的 DNA 序列并引导 Cas9 蛋白的两个核酸酶结构域（HNH 和 RuvC）对识别的位点进行切割，引起 DNA 双链断裂，再利用非同源重组方式和同源重组方式对 DNA 双链断裂进行修复形成碱基插入、碱基缺失、碱基替换等突变类型。sgRMNA 5′端的 19～21 个碱基通过碱基互补配对的方式设定靶序列，Cas9 蛋白负责切割靶序列，因而构建表达单元十分简便。CRISPR/Cas9 对动植物进行基因组编辑的报道大大超过了 ZFNs 与 TALENs，CRISPR/Cas 成为基因组编辑技术的一个新突破。在植物中已经有多篇关于 CRISPR/Cas9 系统的验证以及应用的报道。目前 CRISPR/Cas9 系统已经在微生物、动物和植物中得到广泛应用。

1.2 植物中基因编辑技术的应用

植物遗传转化作为一项现代生物技术，在品种改良、基因功能解析方面有着广泛的应用。通过 DNA 重组技术将目的基因导入到目的生物的基因组中，产生可预期的、定向的遗传改变。借助转基因的手段，可以有效地提高植物的多种农艺性状表现，并可对植物次生物质代谢的分子机制进行深入研究。

1.2.1 基因编辑技术在水稻中的应用

水稻是功能基因组学研究的模式作物，同时也作为世界上重要的粮食作物养育了全球超过半数的人口。中国稻作文化源远流长，是水稻种植历史最为悠久的国家，也是水稻种质资源富国和稻作科技强国，先后引领了以“矮化育种”和“杂种优势利用”为基础的两次水稻“绿色革命”。经过一代又一代稻作科学家的接续努力，水稻育种技术发展迅速，先后经历了纯系育种、杂交育种、诱变育种和分子育种等各个阶段，水稻产量纪录不断刷新。目前，我国水稻育种已经进入以籼粳亚种间杂种优势利用为基础的高速时代，继续成为世界水稻行业的标杆。对水稻的产量、品质和抗性提出了更高的要求，高产优质多抗新品种的培育已经成为水稻育种追求的主要目标。

稻米需求的升级为水稻育种技术带来了新的要求和挑战，以往的遗传改良方法如杂交育种、回交育种、诱变育种、分子标记辅助选择育种和转基因育种等，有的具有明显缺点或局限，有的面临一些实际技术问题无法大范围推广使用，已不利于水稻品种的快速迭代升级改良杂交育种、回交育种具有后代分离大、难以快速稳定、育种周期较长、盲目性大等缺点；诱变育种具有变异方向不稳定不可控、有益突变概率低、精准性不高等缺点；分子标记辅助选择育种虽然在一定程度上解决了育种精准性的问题，但也同样面临连锁累赘无法打破、耗时费力等诸多问题；转基因育种可以通过将外源功能基因整合到受体作物的染色体上表达，达到精准定向改良作物性状的目的，但是由于其会引入外源 DNA 片段，引发对转基因食品安全方面的担忧而无法全面释放应用。相较于传统育种方法，新兴的 CRISPR/Cas9 基因编辑技术能通过预先设定的引导序列，精准地对内源目标靶基因位点进行定点突变（插入或缺失）或精准编辑（碱基替换），达到敲除或者改变目标基因功能的目的。虽然 CRISPR/Cas9 基因编辑技术依靠转基因的方式完成，但是由于转基因 T-DNA插入位点往往与编辑位点位置不同，可以在编辑后代中通过遗传分离得到完全没有转基因元件的编辑突变体。

在水稻中，CRISPR/Cas9 基因编辑技术在抗病、品质改良、抗逆境胁迫等方面定向改良中应用相当普遍。稻瘟病是水稻生产中的主要病害之一，稻瘟病暴发时，轻则引起水稻大幅减产，重则导致绝收。目前，水稻中已鉴定出超过 100 个稻瘟病抗性位点，其中超过 30 个稻瘟病抗性基因已被克隆。如 Zhou 等（2022）在籼型光温敏不育系 LK638S 背景下采用 CRISPR/Cas9 技术对 *Bsr-d1*、*Pi21* 和 *ERF922* 3 个已知的稻瘟病抗性相关基因进行基因编辑研究，突变体的抗稻瘟病能力明显提高，且产量不受影响。房耀宇等（2022）利用 CRISPR/Cas9 技术在 *Pi21* 基因的外显子区域设计 2 个靶标位点对该基因进行敲除研究，结果发现在敲除 *Pi21* 的突变体中该基因发生移码突变，表达量较野生型品种明显降低，稻瘟病抗性则显著提高。*VQ25* 通过抑制 *OsWRKY53* 的功能负向调控水稻抗病性，有研究敲除 *VQ25*，敲除突变体的稻瘟病抗性得到显著提高，而其他农艺性状基本不受影响。

白叶枯病是一种由水稻黄单胞杆菌引起的毁灭性水稻病害，白叶枯病频繁暴发严重威胁水稻生产。不同研究者分别利用 CRISPR/Cas9 技术定点编辑 *OsSWEET14* 的基因编码区和启动子序列的 EBE 元件，均获得白叶枯病抗性显著提高的水稻材料。郝巍等（2018）利用 CRISPR/Cas9 定点编辑了与白叶枯病抗性相关的 *Pong2-1*、*Pong11-1* 两个基因位点，发现与野生型 IR24 相比，突变体 *pong2-1* 和 *pong11-1* 的主要农艺性状无显著变化，但对白叶枯病的抗性显著提高，由此创制出新的白叶枯病抗性材料。除修饰单个基因位点获得某一特定抗性外，利用 CRISPR/Cas9 技术编辑 1 个抗性基因也可以实现多种抗病性状协同改良的目标。研究发现，*Pi21* 或 *ERF922* 的单基因敲除突变体除可显著提高水稻稻瘟病抗性外，白叶枯病的抗性也得到显著增强。

除了改良上述农艺性状，CRISPR/Cas9 基因编辑技术在水稻非生物胁迫相关性状改良中也展现了广阔的应用前景。利用 CRISPR/Cas9 定向编辑水稻 *ALS* 基因，尹丽颖等（2022）成功获得不含转基因元件的抗除草剂基因编辑材料。Li 等（2016）使用 CRISPR/Cas9 编辑水稻 *EPSPS* 基因，在后代中获得具有除草剂草甘膦抗性的水稻。这些研究为水稻耐除草剂筛选和抗除草剂育种打下基础。研究者在水稻中编辑 *OsNAC041* 基因，结果发现突变体水稻对盐分敏感性发生变化，影响其耐盐性。在籼稻品种 MTU1010 中敲除 *OsDST* 基因后，叶片增宽、气孔密度降低、叶片保水能力提高，水稻的抗旱性和耐盐性得到提高。Chen 等（2021）利用 CRISPR/Cas9 敲除 *OsFTIP1* 基因，获得更加耐旱的水稻材料。高温是影响水稻生产的重要胁迫因素，Kan 等（2022）研究发现敲除水稻 *TT2* 基因能有效提高水稻的耐热性，同时发现敲除钙敏转录因子 *SCT1* 和 *SCT2* 同样可增强水稻耐热性，为耐高温水稻品种的定向改良提供了新思路。

1.2.2 基因编辑技术在玉米中的应用

随着基因编辑技术的发展，经过人工改造的基因编辑系统除应用于水稻外，也迅速被应用到小麦、玉米等不同植物的基因组的定向编辑研究中。在深入研究的基础上，当前对 CRISPR/Cas9 基因编辑技术已经进行了各种改良，使之在玉米育种研究中得到更广泛的应用。

Svitashev 等（2016）首次报道利用基因枪技术将体外装配的 Cas9-gRNA 核蛋白复合物转入玉米未成熟胚细胞并成功实现了乙酰乳酸合成酶 2 基因（*ALS2*）的突变和靶基因的编辑，研究指出这种技术可以高效地获得无 DNA 和无选择标记的玉米基因编辑再生植株。Feng 等（2016）选择玉米标记基因 *Zmzb7*，将特异的 sgRNA-Cas9 表达质粒转入玉米原生质体检测到 Indel 突变，利用农杆菌将此构建物转化玉米未成熟胚，愈伤组织的突变率为 19%~31%，得到一株白化表型的玉米苗，进一步研究了 12 个针对着丝点和着丝点周围异染色质区的靶位点，发现 CRISPR/Cas9 基因编辑系统在异染色质区与常染色质区的基因编辑效率没有明显差异。Zhu 等（2016）利用玉米密码子优化的 SpCas9（化脓性链球菌的 Cas9 蛋白）和玉米 U6 启动子启动 gRNA 转录的 CRISPR/Cas9 基因编辑系统，通过玉米原生质体分析检测了 90 个基因座，平均基因编辑效率为 10.67%。研究还得到了玉米八氢番茄红素合成酶基因（*PSY1*）的稳定敲除植株。种质细胞获得的突变能够稳定地遗传至下一代，而且没有检测到脱靶效应。实验组和对照组的转录组分析没有检测到明显差异。研究结果证明 CRISPR/Cas9 基因编辑系统是一种玉米靶基因定点突变的有效工具。

Shi 等（2017）利用 CRISPR/Cas9 基因编辑技术将 *ARGOS8* 基因的启动子替换为组成型中等表达的玉米 GOS2 启动子，实验结果表明由 GOS2 启动子启动 *ARGOS8* 基因表达的株系籽粒产量受干旱胁迫的影响减弱。这是由于玉米中 *ARGOS8* 编码的产物负调控乙烯的信号转导，增加 *ARGOS8* 基因表达导致基因编辑后的玉米耐旱性增强。Zhang 等（2023）利用 CRISPR/Cas9 技术敲除玉米一种 HKT 型转运蛋白基因 *ZmHKT1*。与对照相比，基因编辑后的玉米材料对盐碱胁迫更敏感。此实验结果进一步证明 *ZmHKT1* 的功能，就是表达一种钠离子转运蛋白通过调节叶片细胞中的钠离子浓度，进而提高玉米对盐碱胁迫的耐受。目前，CRISPR/Cas9 技术还存在具有 PAM 序列依赖性以及有时会出现一定程度的脱靶现象，针对性地进行优化研究，可以进一步提高 CRISPR/Cas9 等基因编辑技术在玉米中的应用力。

1.3 工业大麻中基因编辑技术的应用

大麻品种多数是雌雄异株、异花授粉。其性别以及外界环境因素均影响着大麻的多种性状及药用成分含量，因此，解析大麻次生代谢物质的合成过程和调控机制，以及与大麻发育相关的调控网络对提高大麻重要活性物质的生产具有重要意义。另外，大麻的繁殖和选育需要大量的筛选工作，但目前常规杂交育种存在性状分离严重、雌雄株鉴别耗时长、效率低下等问题。2018 年我国种植大麻约 18 600hm^2，但主要以工业大麻为主。而药用大麻的种质资源匮乏，主要依赖进口。由于进口药用大麻受到严格管控以及种质价格昂贵等多种问题，无法满足目前国内科研和生产需求。改善大麻的种质资源，选育高药用成分的品种，对于大麻的工厂化生产至关重要。工业大麻基因编辑领域的研究十分匮乏，再生顽扭性限制了工业大麻组培技术的发展，大部分研究机构或公司在培育新品种或基础研究上，仍停留在传统的技术手段，现今急需一套稳定且高效的遗传转化方法。

1.3.1　工业大麻遗传转化方法

目前，植物细胞遗传转化方法包括生物学方法、物理方法和化学方法三大类。生物学方法包括农杆菌法、病毒载体法、沾花法和花粉管通道法；物理方法包括基因枪法、显微注射法、电激法和纳米材料法；化学方法包括聚乙二醇介导法和脂质体介导法等。大麻仅有农杆菌法、病毒载体法、纳米材料法和聚乙二醇法的相关报道，其中又以农杆菌法使用最为广泛。

根癌农杆菌（*Agrobacterium tumefaciens*）和发根农杆菌（*Agrobacterium rhizogenes*）是植物遗传转化使用最为广泛的农杆菌，其分别含有肿瘤诱导质粒和根诱导质粒。两种质粒中均含有具有特异序列的转化-DNA（transfer-DNA，T-DNA）区。当农杆菌感染植物受伤的部位时，肿瘤诱导质粒或根诱导质粒 virulence（vir）区域的基因可以被植物分泌的酚类和糖类物质诱导表达，这些基因编码的蛋白质将 T-DNA 区域从肿瘤诱导质粒或发根诱导质粒上面切割下来，以单链 DNA 的形式输送到植物细胞中。进入细胞后的 T-DNA 可以稳定整合到植物细胞基因组，实现稳定转化；或游离于细胞内，实现瞬时表达，随后被核酸酶降解。根据外源 DNA 能否稳定整合到植物基因组并遗传给后代这一特征，大麻遗传转化的结果分为瞬时转化和稳定转化两类。

1.3.2　瞬时转化在工业大麻中的应用

大麻瞬时转化方法相对成熟，不论是农杆菌真空渗透法、纳米材料介导的瞬时转化或病毒介导的基因沉默研究均已在不同大麻品种中实现。而农杆菌真空渗透法较其他方法而言具有成本低、操作简便、实施门槛低等特点，具有更普遍的适用性。

真空渗透法利用大气负压将植物细胞间隙内的空气排除，在真空释放阶段，农杆菌进入细胞间隙，侵染植物细胞。Sorokin 等（2020）利用根癌农杆菌 EHA105 对 4 种大麻 Candida CD-1、Nightingale、Green Crack CBD 和 Holy Grail 与 CD-1 的杂交种进行侵染。将含有 β-葡萄糖苷酸酶（β-glucuronidase，GUS）基因的农杆菌悬浮于 MS 液体培养基中至 600nm 处的吸光度值为 0.6，并加入 100μmol/L 乙酰丁香酮，600mmHg（1mmHg=133Pa）抽吸 10min 后转入 MS 培养基培养。随后利用 GUS 染色，在超过 50%（GUS 染色阳性/转化样品总数）的样品中检测到 *GUS* 基因的瞬时表达。4 种品种中，Nightingale 转化效率最高，达 70%。Deguchi 等（2020）测试了不同处理方法对瞬时转化效率的影响，在农杆菌重悬液 MS 中额外加入了 10mmol/L 2-（N-吗啉代）乙磺酸和 2% 葡萄糖。8kPa 抽吸 5~15min 后，进一步进行 22.5kHz 的超声处理。在 8 种大麻，包括雌雄同株的工业大麻 Fedora 17、Felina 32、Ferimon、Futura 75、Santhica 27 和 USO 31，雌雄异株的工业大麻 CRS-1 和 CFX-2 的根、茎、叶、花和腺毛中均实现了 GUS 或绿色荧光蛋白（Green fluorescent protein，gfp）基因的瞬时表达。研究发现，0.015% Silwett-L-77、5mmol/L 维生素 C 和 0.05% Pluronic F-68 可显著提高瞬时转化效率。另外，农杆菌 GV3101 相较于 EHA105 和 LBA4404 也具有更高的瞬时转化效率。另外，不同品种的大麻瞬时转化效率也不尽相同。其中，CRS-1 转化效率最高，Felina 32 效率最低。除此之外，还构建了八氢番茄红素脱氢酶（Phytoene desaturase，PDS）基因的 RNA 干涉载体，并利用真空法瞬时表达 RNA 干涉载体，成功降低了 PDS 基因的表达量。尽管其在大麻当中的干涉效率不高，但依然为研究大麻次生代谢产物在花中的合成途径及相关转录因子作用方式提供了新的验证方法。

除利用农杆菌法进行植物瞬时转化外，基因枪法、聚乙二醇法、纳米材料法和病毒载体法等也可实施瞬时遗传转化。目前，针对药用植物大麻，纳米材料法和病毒载体法已有报道。如 Schachtsiek 等（2019）使用棉花皱叶病毒对大麻 Finola 的后代进行了病毒诱导的基因沉默研究。棉花皱叶病毒基因组含有 2 个单链 DNA（DNA-A 和 DNA-B）。DNA-A 编码基因组复制相关蛋白 AL1、抗沉默蛋白 AL2、复制相关蛋白 AL3、沉默抑制子 AL4 和外壳蛋白 AR1。DNA-B 编码迁移蛋白 BL1 和 BR1。目的基因片段插入到 DNA-A 的

AR1 基因中后，将含有目的片段的 DNA-A 和 DNA-B 通过基因枪或农杆菌介导的方式导入植物细胞，可引起植物系统性感染，进一步引起 RNA 诱导的基因沉默。该方法成功沉默了大麻的 PDS 基因。但沉默效率偏低，仅在 20%左右。

Ahmad 等（2020）首次报道了运用纳米材料进行大麻遗传转化的实验。报道选用了二氧化硅包被的金纳米粒子作为载体，将聚乙烯亚胺与含有羧基的、二氧化硅包被的纳米粒子共价结合。聚乙烯亚胺带有正电荷，带有负电荷的 DNA 可以通过静电吸附作用与纳米材料结合。将结合有 DNA 的纳米材料注射到 1 个月龄大麻叶的背面，5d 后观测到报告基因 *gfp* 的表达，实现外源基因的瞬时表达。

虽然目前大麻瞬时转化已可实现，但是总体转化效率仍然偏低。如在 Sorokin 等（2020）的报道中，GUS 阳性大麻幼苗中仅少数细胞可实现 GUS 染色，与模式植物烟草比较，转化效率仍然十分低。虽然 Deguchi 等（2020）通过添加表面活性剂、抗氧化剂和增加细胞机械损伤等方法进一步提高了瞬时转化效率，但是，在特殊组织细胞，例如雌性花器官和成熟叶片的转化效率仍然很低。全病毒载体虽然可以对植物造成系统性侵染，具有相对较高的瞬时表达效率，并有机会将目的性状传递到后代。但是，全病毒载体所能承载外源 DNA 大小有限，很难用于长片段 DNA 的转基因实验研究。除此之外，全病毒载体也易造成生物安全隐患，很难通过环境释放进行大面积应用。而纳米材料由于其特殊性和相对较高的造价，并不适合常规实验室使用。除选择对农杆菌菌种和大麻基因型进一步筛选，以及抗氧化剂、表面活性剂和机械损伤的应用外，合理使用基因沉默抑制子也有望进一步提高瞬时转化效率。基因沉默抑制子是一类来源于病毒的、具有抑制转录后基因沉默功能的特殊蛋白。瞬时转化产生的 RNA 会引起植物细胞适应性防御反应，从而被植物细胞识别并通过 RNA 诱导的沉默复合体降解。沉默抑制子可通过结合 siRNA 或沉默复合物中的蛋白来阻止植物细胞对外源 RNA 的降解，从而提高外源基因的表达水平。来源于番茄丛矮病毒的 *P19* 基因是目前使用较为广泛的沉默抑制子，其在烟草瞬时转化中可显著提高瞬时转化效率。因此，在大麻瞬时转化载体中引入沉默抑制子有望进一步提高瞬时转化效率。虽然目前大麻瞬时转化效率不高，但是，瞬时转化仍可以帮助研究人员在大麻细胞内进行大麻基因功能研究、蛋白质亚细胞定位、蛋白互作或在大麻细胞内瞬时生物合成大麻次生代谢物质。在工业大麻细胞内进行上述实验，得到的实验结果相较于异源生物体（如烟草）具有更高的可信度。另外，利用瞬时转化方法进行可遗传的基因组编辑已经在植物中实现，因此，利用瞬时转化方法获得稳定编辑的大麻新种质资源也是未来大麻遗传转化的发展方向之一。

1.3.3　稳定转化及基因编辑幼苗的实现

稳定转化的外源基因会整合到植物基因组，并随目标植物基因组复制，进而将转基因性状遗传到后代。目前植物最常用的稳定转化方法有发根农杆菌转化、根癌农杆菌转化和基因枪转化。虽然以上 3 种方法均可获得稳定转化，但发根农杆菌只能获得毛状根组织，毛状根可以进行离体培养和扩繁，但不能进一步分化生成完整植株。而根癌农杆菌和基因枪转化的愈伤组织或外植体通过分化、出芽、生根等组织培养过程，有机会再生为完整转基因植株，从而可通过有性繁殖将转基因性状传递到后代。但是，不同物种或基因型的愈伤组织或外植体的再生条件和能力完全不同。目前，大麻发根农杆菌转化和根癌农杆菌转化均已实现。

Wahby 等（2013）测试了 9 种发根农杆菌和 3 种根癌农杆菌对 5 个大麻品种的侵染效率，是迄今为止极少数关于大麻发根农杆菌转化的报道。5 个大麻品种包括用于生产纤维的雌雄异株品种 Futura 77、Delta-llsosa、Delta 450 和种植于摩洛哥北部的雌雄同株药用大麻品种 CAN0111 和 CAN0221。研究人员对 5d 的幼苗下胚轴、子叶节、子叶、初生叶和下胚轴、子叶、初生叶的外植体进行了侵染。研究还发现，不论使用完整幼苗或是外植体，下胚轴都是侵染效率最高的组织；农杆菌前处理时，诱导 *vir* 基因表达所使用的诱导剂浓度对侵染效率的影响不大，仅使用 20μmol/L 乙酰丁香酮即可达到理想的侵染效率；所有发根农杆菌均可诱导幼苗产生毛状根，其中 R1606 的侵染效率最高，达 98%；发根农杆菌和不同品种大麻组合产生的毛状根均可进行离体培养；根癌农杆菌侵染后 5~8d 便可产生结瘤，结瘤效率在不同菌种和大麻品种间无明显区别，但结瘤的生长速度明显不同。同样，结瘤也可用于体外离体培养。

目前，常用的毛状根方法主要包括直接接种法、外植体接种法和原生质体接种法。直接接种法是将发根农杆菌直接涂抹或注射到外植体中，使伤口处直接长出毛状根。外植体接种法是将外植体切成一定的大小，用一定浓度的发根农杆菌侵染后进行共培养，再经过筛选培养基进行培养，最终获得毛状根。原生质体接种法与外植体接种法相似，也需要对原生质体进行侵染，共培养及筛选。同外植体接种法和原生质体接种法相比较而言，直接接种法不需要对大麻进行原生质体或外植体培养，一般 2~3 周便可获得毛状根组织。发根农杆菌在侵染植物后能够诱导其产生大量毛状根。诱导出的毛状根可以进行离体培养，且生长速度快，已逐渐应用到基因工程及品种改良等多个领域。如大麻毛状根转化方法已经很成熟，当前需要解决的难点是如何实现毛状根的大规模培养。另外，毛状根转化虽然可以获得稳定整合的外源基因，但是大麻素主要积累在雌性花器官中，并无证据表明大麻根中可以积累大麻素类物质。因此，在根中进行大麻素合成或调控基因的功能研究并不一定可行。获得完整转基因植株仍然是目前大麻遗传转化的重点研究领域之一。

Mackinnon 等（2000）首次报道了两种工业大麻 Fedora 19 和 Felina 34 的稳定转化，以抗除草剂基因为筛选标记基因，以多聚半乳糖醛酸酶抑制酶基因为目的基因，运用农杆菌侵染根尖的方式成功获得了完整转基因大麻，且转基因大麻表现出灰霉病菌抗性。该报道是首例大麻遗传转化实验报道，虽然报道中并无详细的遗传转化操作过程，但其借鉴了棉花和矮牵牛花的遗传转化方法。棉花、矮牵牛花与大麻都是双子叶植物，报道中引用的棉花和矮牵牛花的遗传转化方法几近相同，均使用了 LBA4404 农杆菌侵染茎尖外植体，筛选标记基因选用胭脂碱合成酶（Nopaline synthase，nos）基因启动子驱动的新霉素磷酸转移酶（Neomycin phosphotransferase Ⅱ，npt Ⅱ）基因。Feeney 等（2003）报道了大麻的组织培养和原生质体遗传转化实验，但未能获得再生的完整转基因植株。该报道选取了 4 个大麻品种，其中，Uniko-B 和 Kopolti 是用于生产纤维的雌雄异株工业大麻，Anka 和 Felina 34 是用于生产纤维和种子的雌雄同株大麻。大麻不同组织部位进行愈伤组织的诱导发现，5μmol/L 2,4-二氯苯氧乙酸和 1μmol/L 激动素的 MB 培养基（含有大量和微量元素的 MS 培养基、维生素 B_5、0.1g/L 肌醇、3%蔗糖、8g/L 琼脂粉、高温高压灭菌前 pH 值 5.8）可有效将 Felina 和 Uniko 的不同外植体诱导去分化为愈伤组织。但不同的外植体产生的愈伤组织具有不同的扩繁能力。其中，由茎、叶和叶柄产生的愈伤组织扩繁能力强，由子叶产生的愈伤组织扩繁能力弱。除来源于 Uniko 的愈伤组织外，其他 3 个品种的愈伤组织均可有效形成悬浮细胞系。在此基础上，使用 EHA101 农杆菌和磷酸甘露糖异构酶（Phosphomannose isomerase，PMI）筛选标记基因对 Anka 的悬浮系细胞系进行了转化。PMI 使用了拟南芥泛素启动子 Ubq3，该基因在植物细胞中可将甘露糖转化为植物碳源。因此，含有 *PMI* 基因的细胞可以在仅含有甘露糖为碳源的培养基中存活，

而不含有 *PMI* 的细胞由于不能将培养基中的甘露糖转化为碳源而死亡。最终，利用愈伤组织基因组 DNA 聚合酶链式反应和 Southern DNA 印迹分析证明，其在大麻悬浮细胞中实现了稳定遗传转化。

2021 年，大麻根癌农杆菌转化有了里程碑式的突破，Zhang 等（2021）报道了大麻的遗传转化和基因组编辑的研究。这是首例含有详细遗传转化方法和基因组编辑方法的报道。首先测试了不同组织器官、基因型和与发育相关的调控基因对再生效率的影响。以云麻 7 号为例，研究发现，开花 15d 后采集的未成熟种子的胚性下胚轴的再生能力明显高于真叶、子叶和下胚轴等外植体，达到 6.12%。不同基因型对再生的影响也十分明显。在 100 种测试的基因型中，约 20 种基因型的再生效率在 4%。其中，云麻 7 号和 Red Cherry Berry 的杂交 F_2 代 DMG278 具有最高的再生效率，达 7.09%。进一步将不同的发育调控基因组合导入 DMG278 进行研究发现，过表达 CsGRF3-CsGIF1、CsWUS4、CsWUS4-CsSBH1、CsWUS4-CsIPT3 或 CsWUS4-CsSBH1-CsIPT3 的外植体生芽率比对照组高 1.7 倍。对 DMG278 的 PDS 基因实施了基因编辑，数据显示，从最初的 3 950 个未成熟胚性下胚轴起始，最终获得 4 株基因编辑大麻，另有 83 株的 PDS 基因编辑呈嵌合状态。与此同时，通过过表达 CsGRF3-CsGIF1 组合，利用农杆菌 AGL1 对未成熟胚性下胚轴进行侵染，获得 1 株转基因株系。Galán-Ávila 等（2020）报道了一种更为高效的大麻遗传转化方法，选用了 6 种大麻品种，包括雌雄同株品种 Ferimon、Felina 32、Fedora 17、Furura 75、USO31 和雌雄异株品种 Finola。大麻种子消毒后，在含有 1.5%蔗糖的 1/2 MS 半固体培养基培养 7d，无菌状态下切取下胚轴或子叶，并对该外植体的再生和根癌农杆菌转化进行了研究。研究还发现无论是下胚轴或是子叶均可再生出新芽，但仅下胚轴再生的新芽可进一步生根；下胚轴和子叶再生芽率分别为 53%、18%，其中，26%下胚轴再生芽可诱导生根；不同基因型的大麻下胚轴再生率也不尽相同，其中，Fedora 17 最高，达 76%，Finola 最低，约为 36%。随后，研究人员选用农杆菌 LBA4404 和双元载体 pBIN19 对大麻外植体进行了遗传转化研究。载体 pBIN19 包括 1 个报告基因 *GUS* 和赋予转基因细胞卡那霉素抗性的筛选标记基因 *nptII*。研究发现，农杆菌与外植体共培养以及在含有 100mg/L 卡那霉素的培养基中培养外植体都会显著降低外植体再生芽率和再生芽的生根率。其中下胚轴的再生率由平均 53%下降为 23%，子叶再生芽率由平均 18%下降到 1%。而再生芽的生根率也由平均 26%下降到 2.1%。最终，在 120 株下胚轴外植体再生苗中检测到 6

株转基因大麻，2 株子叶外植体再生苗均为转基因植株。不同基因型的转化率差别明显，其中，Futura 75 转化率最高，达 28.6%。大麻的稳定转化虽然已经实现，但是相对转化效率仍然不高。物种的基因型、外植体的选择、外植体处理方式、培养基配方、农杆菌菌种、菌种侵染浓度、侵染时长和共培养条件等均会影响植物的遗传转化效率。下胚轴是目前再生效率最高的外植体。Zhang 等和 Galán-Ávila 等采用了不同的转化策略。Zhang 等运用农杆菌侵染大麻外植体后，外植体经过去分化形成愈伤、再生芽、生根 3 步产生转基因大麻。Galán-Ávila 等侵染外植体后，直接将外植体转移至生芽培养基，外植体不经过愈伤培养直接生芽。因此，获得转基因苗花费时间更少，转化效率更高，培养基配方也相对简单，外植体的获取也更为容易。另外，上述报道分别仅测试了农杆菌 AGL1 和 LBA4404，未对其他农杆菌进行测试。而不同菌种对植物遗传转化效率具有显著影响。通过进一步优化转化条件，相信在不久的将来，大麻稳定转化效率定可进一步提高。

2 工业大麻性别遗传研究进展

2.1 植物性别分化

2.1.1 植物花的性别分化

动物的性别分化由基因组决定，并且在胚胎发育初期就已经确定，植物性别分化与动物不同，由多重因素构成，在生长发育的不同阶段性别表达受到内源激素、外源化学物质、养分及温、光、水、热等环境因子影响。植物的性别表现是多样性的，在漫长的进化过程中，植物通过性别分化产生了相当多的差异。高等植物的性别差异主要表现在花器官，由于雌、雄两性生殖器官在植物中的分布情况多种多样，使得高等植物的性表达形式呈现明显的多态性，这种情况在被子植物中更为突出。

从单花上区分，存在 3 种性别表现类型：

（1）雌花：即一朵花内只具有雌蕊；

（2）雄花：即一朵花内只具有雄蕊；

（3）两性花（完全花）：即一朵花内既有雄蕊又有雌蕊。

从单株上区分，存在 7 种性别表现类型：

（1）雄株：即全株只具有雄花；

（2）雌株：即全株只具有雌花；

（3）两性花株：即全株只具有两性花；

（4）雌雄同株：即同一株上既有雄花又有雌花；

（5）雄花两性花同株：即同一株上既有雄花又有两性花；

（6）雌花两性花同株：即同一株上既有雌花又有两性花；

（7）三性同株：即同一株上既有雄花和雌花，也有两性花。

在群体中区分，可分为两种类型：

（1）单一性型：在一个群体内的所有个体都具有相同的性型，表现为单一性；

（2）多态性型：在一个群体内个体间具有不完全相同的性型，表现为多态性。

在自然界中，两性花植物约占 72%，雌雄单性同株或雌雄单性异株植物仅占 4%~7%，在不同的植物中，性别决定什么时候发生，在什么部位发生，以及如何发生都存在很大的差异。即便是对于同种植物而言，这一过程也会由于诸多因素的影响而产生差异。

显花植物性别间的差异主要是花器官的不同，所以与花发育相关的基因都可能参与性别分化过程。Coen 和 Meyerowitz（1991）首次提出了花的发育模型，即“ABC 模型”，随着研究的深入，该模型被补充成“ABCDE 模型”。通过该模型可以解释大部分植物花器官的发育过程。而植物之间的性别差异主要就体现在花的不同，所以该模型中的功能基因都可能与性别分化相关。在该模型中，A + E 功能基因共同调控萼片的分化，A + B + E 功能基因调控花瓣的形成，B + C + E 基因共同调控雄蕊发育，C + E 功能基因调控心皮发育，D 类基因调控胚珠发育，B 类、C 类、D 类、E 类功能基因协同调控花雄蕊、心皮、胚珠的发育。而该模型中涉及的功能基因绝大部分属于 MADS-box 基因家族，MADS-box 基因家族是一类编码转录因子的基因家族，在该家族中，成员具有一段可以使转录因子识别并结合到目标基因特异 DNA 序列上的高度保守序列，该序列被称为 MADS 盒。由于 B 类基因控制花瓣和雄蕊的发育，所以研究者获得了较多的成果。DEF/AP3 是 B 类基因的两个亚家族之一，其分为 AP3 和 TM6 两大部分，是植物都具有的分支基因，这两个基因在功能上存在巨大差异，*AP3-like* 基因对花瓣和雄蕊起到决定性的作用，而 *TM6-like* 基因只调控雄蕊的发育。由此可见，MADS-box 基因家族在花雌雄性别分化过程中可能具有重要的调控作用。

2.1.2 植物性染色体决定机制

植物性别决定系统是复杂且多样的，虽相较于动物研究起步较晚，近年研究逐步丰富，主要认为有性染色体决定、性别决定基因决定、基因平衡以及环境 4 种情况，据不完全统计，陆生植物中至少 70 个种已经公布性染色体，而雌雄异株是性染色体进化的前提条件。雌雄异株植物表现形式是多样的，只有一部分雌雄异株植物含有性染色体。Allen 在 1917 年发现植物性染色体后，经过研究发现，目前为止含有性染色体的植物有 25 个科 70 多种。

开花植物大约有 30 万物种，其中仅有 1.46 万物种是雌雄异株植物，即雌株和雄株是独立的个体，雌雄异株现象在常见物种中广泛存在，例如银杏、番木瓜、杨梅、猕猴桃、柿子和沙棘。植物性染色体起源假说认为，性染色体是从携带有一些性别决定基因的常染色体进化而来，通常是从雌雄同株同花植物的家系中进化而来。从雌雄同株同花植物进化到雌雄异株植物，一般需要两次突变，首先是雄性不育导致雌株的出现，随后雌性不育导致雄株的出现。性别决定的位点位于性染色体上，使植物具有稳定的性别形态，随后提出自然选择对雄性有利而对雌性有害的等位基因的假说，进一步形成遗传上有差异的 X 染色体和 Y 染色体，紧接着这些新形成的性染色体在性别决定位点附近的一小段区域内停止重组。在性染色体进化初期，从形态上无法直接区分同型的性染色体和常染色体；进化过程中，性染色体逐渐形成各自的特征，最终进化为异型性染色体，表现为 X（Z）与 Y（W）染色体间、性染色体与常染色体间功能和形态的差异。在菠菜属植物中，Fujito 等（2015）同时发现同型和异型性染色体，并证明这两种进化程度不同的性染色体由同一对常染色体进化而来。Ming 等（2011）通过对植物基因组和 DNA 序列数据的统计，提出性染色体进化的 6 阶段模型。第 1 阶段，两个显性性别决定基因发生突变，突变位点间的性染色体发生重组，其代表植物为弗吉利亚草莓；第 2 阶段，突变位点间发生重组抑制，但此时重组抑制趋势较弱，YY 基因型个体仍具生活力，如芦笋超雄株（YY）；第 3 阶段是重组抑制向相邻区域扩散，Y 染色体演化出雄性特异区域（the male-specific region of the Y chromosome，MSY），此时 YY 型胚胎不能存活，其代表植物为番木瓜；第 4 阶段，MSY 范围扩大，积累大量转座子和重复 DNA 序列，并且染色体易位和倒位造成基因大量丢失，开始出现遗传退化现象，如白麦瓶草；第 5 阶段 Y 染色体退化严重，不具功能的 DNA 序列被删除，染色体长度变短，其代表植物为苏铁；第 6 阶段，重组抑制区域扩展到整条 Y 染色体，甚至 Y 染色体完全退化，植物体进化出由 X 染色体和常染色体比例调控的性别系统，这一时期的代表植物是酸模。在此进化过程中可以看出，X 染色体保留较多的原始基因，而 Y 染色体发生严重退化，表现为特定序列的丢失甚至整条染色体缺失。重组抑制是性染色体遗传退化的主要原因，表现为同源染色体不能配对重组，它也是常染色体进化为性染色体的前提条件。在芦笋、番木瓜、啤酒花和白麦瓶草等雌雄异株植物性染色体上，性别决定基因周围均存在严重的重组抑制现象。染色体倒位、异染色质化以及 DNA 甲基化等都可能造成染色体重组抑制。

在性染色体决定类型植物中的研究发现，绝大多数雌雄异株植物为 XY 型，其中雌株基因型为 XX，雄株基因型为 XY，例如女娄菜、菠菜、青刚柳等均属于这一类型。菠菜为 XY 型雌雄异株代表植物（Qian et al.，2017）。Horovitz 和 Jimenez（1967）根据属间杂交的结果提出，番木瓜性染色体为典型的 XY 型，雌雄同株为 XYh，并且认为 Y 染色体上有致死区域，Yh 是 Y 染色体的突变体，也包含致死区域。因 Y 和 Yh 上均有致死因子，所以 YY 染色体、YYh 染色体、YhYh 染色体类型的胚早期就会停止发育而死亡。野生型葡萄为雌雄异株，性染色体属于 XY 型，154.8kb 性别决定区域位于 2 号染色体上，其长度不到整个染色体大小的 1%（Picq et al.，2014）。Akagi 等（2014）报道柿属君迁子的性别决定系统为 XY 型，并在其 Y 染色体上发现了一个雄性连锁遗传基因 *OGI*。猕猴桃性染色体系统属于 XY 型（Zhang et al.，2015）。Akagi 等（2018）鉴定出抑制柿属君迁子心皮发育的雄性特异基因 *SyGI*，并将 *SyGI* 定位在 Y 染色体雄性特异区域。第一个海枣基因组图谱的报道将其性别相关位点标记在 LG12 上，进一步验证发现性别相关 SNP 位点高密度聚集在 LG12，证实 LG12 为海枣性染色体（Mathew et al.，2014）。

除了 XY 型，还存在 ZW 型和 XX-XO 型染色体决定植物性别，ZW 类型的植株雌株的特点是具有异配型染色体即 ZW，雄株的特点是具有同配型染色体即 ZZ，属于这一类的植物较少，常见的有野生草莓、阿月浑子、银杏和杨树等。其中二倍体草莓雌性个体性染色体为 ZW，雄性个体为 ZZ，雄性不育基因密集分布在 4 号染色体上 338kb 区域内。Kafkas 等（2015）运用 RAD 分子标记技术标记出阿月浑子 8 个性别决定位点，进一步进行 HRM 分析发现 4 个完全独立的标记，由于雌性候选 SNP 位点为异型配子，判定阿月浑子具有 ZZ/ZW 性别决定系统，因此阿月浑子可以作为园艺作物 ZW 性别系统研究的模式植物。银杏是典型的 ZW 型雌雄异株裸子植物代表，从性染色体的鉴定到性别决定基因的筛选相关研究较为系统。在具有 XX-XO 类型染色体的植物中，由 1 个还是 2 个 X 染色体决定性别，雌性个体中的染色体为 XX，雄性个体的染色体为 X，并无 Y 染色体，这类型植株很少，例如花椒。此外，植物中还有一种决定植物性别的模式即 X 染色体/常染色体，这类植物中，雄性决定取决于常染色体，性别决定需要 X 染色体和常染色体 A 的平衡，X/A≤0.5

时表现为雄性，X/A≥1.0 表现为雌性，其余则表现为雌雄同株，酸模属于此类。

2.1.3 植物性别分化研究对生产的意义

在生产实践中，由于生产目的不同，同一种植物的不同性别类型的应用价值和经济价值也是不同的。以获取果实种子为栽培目的的雌雄异株植物，如留种用的大麻、菠菜等，需要大量的雌株；对于雌雄异株的银杏来说，其生产上需要大量的种子，主要需要雌株，但如果作为绿化植物，则需要雄株。

对于栽培雌雄同株植物黄瓜来说，为了结出更多的果实，就需要极大地增加雌花的数量，提高坐果率。尹彦等（1987）以黄瓜的父本与雌性系为材料，发现其杂交产生的后代可以 100%的保持雌性，这对黄瓜在生产上有着重大意义。正因为高等植物的性别分化在生产实践中的作用是极其巨大的，所以对其进行研究了解是十分必要的。如果能够在植物的幼苗期就能够鉴别出植株个体的性别，将会显著提高栽培效率并缩短育种过程。若是能够了解影响该种植物性别分化的因素，便可以通过人为的改变来影响植物性别分化，从而提高作物的经济价值。

2.2 工业大麻性别分化

工业大麻是一种多用途、多功能作物，在我国已有 5 000 多年的种植历史，为大量传统和创新的工农业等提供原料。按照品种群体中植株的性别类型分类，工业大麻分为雌雄异株和雌雄同株，其中雌雄异株工业大麻的生物量大、产量高、抗逆性强，雌雄同株工业大麻成熟期一致，便于机械化收获。对于雌雄异株工业大麻来说，大麻的雌雄植株的功能有所不同，一般来说，大麻雄性植株的纤维质量高于雌性植株，雄性植株可为纺织厂或造纸厂提供更好的纤维材料，就成熟期而言，雄性植株较雌性植株先成熟，不便于机械化收割。另外，雌性植株可以收获种子，在医药、人类食品、动物饲料和身体护理产品等方面得到应用，普遍认为雌性植株中四氢大麻酚（THC）和大麻二酚（CBD）含量相对较高，具有更高的药用价值。大麻具有二倍体基因组（$2n$ = 20），由 9 个常染色体和 1 对性染色体（X 和 Y）组成。雌性植物为同型（XX），雄性植物为异型（XY），性别决定由 X 常染色体平衡系统控制。由于 Y 染色体较大，雌性植株的单倍体基因组估计大小为 818Mb，雄性植株的单倍体基因组估计大小为843Mb。可用于大麻的基因组资源主要局限于转录组信息：NCBI 包含 12 907 个 EST 和 23 个 Illumina reads 的未组装 RNA-Seq 数据集。目前还没有完整精确的大麻基因组物理图谱和基因图谱。

大麻雌雄株在幼苗时期较难分辨，只有当植株生殖器官（即花器官）原基开始发育时才能正确识别，所以最好的解决办法之一就是可以早期鉴定出雌雄株，以便于充分利用其经济价值。工业大麻良种繁育时，为了收获种子，减少雄株率，可以通过早期性别鉴定选择雌雄株比例。杂交育种选择雌雄异株材料作为亲本时，也可通过早期性别鉴定选择需要的材料。雌雄同株工业大麻新品种选育是现阶段研究的热点，但是大麻的性别分化受遗传物质和环境因子的双重调控，导致雌雄同株工业大麻的性别不稳定，早期性别鉴定可以及早发现雄化植株，提高雌雄同株率。

2.2.1 工业大麻花的性别分化

工业大麻以雌雄异株类型为主，但在自然条件下除了雌麻和雄麻，还发现少量雌雄同株个体。通过育种家的努力，已经培育出一些雌雄同株大麻品种，生产纤维用大麻的国家绝大部分播种面积都种植这样的品种。雌雄异株大麻的雌麻有雌花，生育期长；雄麻的特点是具有圆锥形松散花序，全部着生雄花，生育期短。工业大麻是风媒传粉植物，花粉可被气流带至 15km 远。一般情况下，工业大麻花粉在通常条件下可保持生活力 48h。雌雄异株大麻花粉粒在散粉期间田间条件下不到 4h，即在人工培养基础上萌发 86.7%～96.7%，一昼夜花粉管平均长度达 218～222μm。此后这些指标逐渐下降，过两个昼夜只有少数花粉粒萌发了。当前，关于雌雄同株大麻和雌雄异株大麻最低限度隔离 2km 的建议已被广泛采用，即使隔离 2km，也不能保证杜绝异株授粉，为了得到标准雌雄同株性状的大麻，要求至少隔离 2km 以上。

雌麻和雄麻个体大量的初生和次生性性状在很大程度上彼此连锁。最早研究雌雄同株大麻植株的学者指出了初生和次生性性状形成的重要特点为雌雄同株植株形成 3 种类型花，即雌花、雄花和两性花（雌雄间性）。此外还应指出，雌雄同株大麻中发现雌雄异株大麻所特有的初生和次生性性状之间的连锁，即雄麻型的松散花序上着生雌花，而雌麻型的总状花序上着生雄花，也就是与雌雄异株大麻特有的性状配合相反。生有总状花序的个体虽然着生雄花但却成熟较晚，而生有松散花序的个体虽然着生雌花但却成熟较早。可见，大麻生育期长度这个性状不与花类型连锁，而与外形连锁，生有总状花序的植株照例晚熟，而生有松散花序的植株照例早熟，同花的性别无关。大麻性类型的所有分类都以两个性状为基础，主要考虑植株外形和花序上不同性别的花数量比例。通常的分类方法是把所有大麻植株分成 4 组，即雌麻组、雄麻组、雄化雌麻组和雌化雄麻组。每组包括 5 种性类型，这些性类型在雌花、雄花和两性花的数量比例上相互区别。雌雄同株大麻总共分出 20 个性类型，确定大麻性类型比较复杂。

2.2.2　工业大麻花的表型差异

根据花序上雌花的数量比例来区分出雌雄同株植株并不难。但是，要把雌雄同株雌麻和雄麻与雌雄异株大麻的雌麻和雄麻加以区分则复杂得多。据观察，雌雄同株雌麻其花序较松散、种子较易散落、生育期较短。雌雄同株雄麻（特别是较晚熟的样本）同雌雄异株大麻的雄麻的区别在于雄花较小、花枝较短、茎上和雄花花被上可能有花青素颜色、植株较高、叶片的小叶较窄，也就是雌雄同株雄麻其表型性状体现较弱，而表型性状恰是雌雄同株雄化大麻性类型的主要特征。有时雌雄同株雄化大麻普通株花序分枝末端可出现能结种子的雄花。雌雄同株雄麻早熟样本，外观上与雌雄异株大麻的雄性个体相似。把雌雄同株雄麻和雌麻的每个单株与雌雄异株大麻性类型按外观性状完全准确区分根本不可能，这说明性状从雌雄同株植株向雌雄异株植株逐渐过渡。雌雄同株和雌雄异株大麻性类型的彼此区分，不仅根据外形以及花序上雌花和雄花数量比例，还根据许多其他的形态性状和有价值的经济性状。

大麻雌花花被是绿色的变态高出叶，上面覆盖蜡质。雌花无柄，也就是没有花梗。实际生产中常把大麻雌花花被错误地称作苞片。众所周知，苞片是小型高出叶，它位于花梗上。大麻雌花没有花梗，因此它也就不会有苞片。大麻所属的双子叶植物纲，如果有苞片应该是 2 片而不是 1 片。雌花的雌蕊由子房和 2 个无花柱针形白色柱头构成。花期柱头从花被内伸出，当空气中有花粉时便授粉受精，然后柱头萎蔫变成深褐色。这种状态能持续很长时间，个别情况下一直到种子成熟。柱头很小，肉眼不易看清，这给研究大麻雌花开花动态带来困难。在不落花粉的情况下，柱头继续旺盛生长，达到较大体积，不改变最初的浅色，在这些条件下雌花较容易观察。

目前，尚未发现雌雄同株和雌雄异株大麻雌花之间有形态学差别。雌雄异株大麻的雄花着生在花枝上，花枝位于花序中轴和花序一级侧枝的叶腋里。雄麻花序的二级侧枝即使在大麻稀植条件下也很少出现。到开花时，雄花位于长而松散的花枝上并相互隔开，因此能无拘无束地张开，这就很容易释放花粉。雌雄同株雌化大麻性类型的雄花分布在很短而紧密的花枝构成的花序上。由于花相互紧密接触，导致它们不能充分开放，因此很大数量的花粉粒不能从花药中溢出，许多花没凋落就枯萎在着生部位，而在潮湿天气条件下则在花序上腐烂。雌雄同株大麻雄化性类型花序上雄花分布于雌雄异株大麻和雌雄同株大麻雌化植株的中间位置。大麻雌花也发育在花序主轴和侧枝上的叶腋里，每个叶柄基部 2 朵。雌麻和雌化型雌雄同株植株花序形成一、二、三级侧枝，节间很短，结果使雌花紧密分布。雌雄同株雄化植株和雄化雌麻基本上只形成一级侧枝，所以雌花彼此之间的空间比较大。大麻成熟期雌花花被片枯萎，呈褐色并离开种子。雌雄同株大麻雄化性类型花被明显脱离种子甚至脱落，所以种子容易散落。雌雄同株大麻雌化性类型雌花花被片枯萎和与种子脱离的过程相对较轻，减少了种子散落。种子散落最轻的性类型是雌雄异株大麻雌麻。大麻雌雄同株植株除了雄花和雌花外，还有少量两性（间性）花。两性花是雄花向雌花过渡的中间型。这种现象被称为雌雄同株大麻的个体发生雌雄间性。大麻性类型最初可见的差异表现在现蕾期和始花期。在这个时期，植株按花的构造和花序上花的分布以及外形加以区分。雌雄异株大麻雌性个体的特点是雌花不易看见、花序多叶、花序顶部宽阔紧密。雄麻植株叶较少，花序顶部光秃尖窄。刚开始现蕾时出现大量雄花小花蕾，小花蕾到始花期长大并松散地分布在花枝上，此时形成长花梗。

2.3 工业大麻性别鉴定生物技术研究进展

植物初始遗传型性决定发生在受精过程中，合子的性别取决于雌性和雄性配子遗传因子的组合。但是从受精时刻到植株出现表型性差别，还要经历相当长的时间，这期间个体两性势能的下一步体现取决于对具体构成基因型环境和外界环境条件的性基因的影响特点。所以，合子的初始遗传型性决定不总是同植物性性状的表型分化相符。这样一来，对植物遗传型性决定广义理解应是，性差别的形成是不同的内部和外部因素下个体发育期间这些基因相互作用的结果。

除雌麻和雄麻外，有时还遇到具不同比例雄花和雌花性类型，它们出现的频率取决于样本，变动在0.003%~0.010%范围内。经研究发现大麻体细胞内含有20个染色体（$2n=20$）。日本学者Hirata在1929年首次确定大麻存在性染色体。在雄麻上和雄性间性体上，除了10个相同的二价染色体外，他还发现1个二价染色体，一个较长，另一个较短，并提出这分别是X染色体和Y染色体。在雌性个体和雌性间性体上发现1个二价染色体，它同其他所有二价染色体的不同之处是存在外形相同的2个长形单价染色体，被认为是2个X染色体（当时把出现相反性的生殖器官的雄麻或雌麻植株划归到间性体）。自观察到工业大麻的性染色体以来，性别鉴定的方法研究越发广泛，从传统的表型观察逐步拓展到分子手段上。

2.3.1 工业大麻性别传统鉴定技术

Forapani等（2001）对大麻的性分化进行形态学和分子的研究发现，当第4节的叶子出现时，大麻的生殖分化可能会发生，在第4个节点的雄性与雌性存在差异表达，早期鉴定需在第4节叶子长出后进行，性别诱导应在第4节叶子长出前进行。早期鉴定主要从形态学水平、生理代谢差异鉴别、化学物质分析鉴别等几个方面展开。

在形态学水平上，通过植物形态特征鉴定植株性别，简便易行，经济高效。大麻幼苗期，可根据叶片形状判断雌雄。据谷雨田（1989）观察，雌株叶片短而宽，叶色深绿；雄株叶片长而尖，叶色浅绿。据此，可通过间苗期间苗来控制植株性别的比例，但水、肥等其他因素会影响植株长势，故有经验的专业人员判断更为准确。形态学鉴定错误率高，可作为初始取样手段，为后续检测做铺垫。

雌雄株在氧化还原能力方面存在较显著差异，雌性处于较还原状态，而雄性处于相对氧化状态，雌株幼叶较雄株有较多的过氧化物酶区带，在生理代谢差异水平上检测工业大麻性别是可行的。Elena等（2002 ）在分析大麻性别表现的生化特性时发现，雌株叶片的POD活性高于雄株叶片，雌株叶片的CAT活性低于雄株叶片。强晓霞（2012）使用NADH法，研磨叶片后加入$HClO_4$，过滤后测定吸光度值，结果显示雌雄植株叶片的NADH含量差异显著，雌性NADH含量普遍较高，含量在8μmol/mL以上的最终性别均表现为雌性。用NADH法鉴别大麻苗期性别的准确率可达81.49%；另外测定了成熟期POD、CAT、IAAO等酶活性，其中叶片、花中POD活性均表现为雌株显著高于雄株，CAT和IAAO活性则是雄株高于雌株，证实不同性别的工业大麻植株生理生化特性存在明显差异。

不同性别植株的叶片内代谢水平存在差异，对不同浓度化学试剂显色不同，可用于鉴定雌雄植株。彭子模（1998）使用0.1%甲基红溶液对浸提幼叶的上清液进行染色，32℃水浴保温，20h后雌株出现明显黄绿色，雄株为黄褐色。Andre等（1976）使用快蓝B盐对开花雌大麻的腺毛进行组织学观察，显微镜下，清楚地显示了包裹着乳剂的头部的薄角质层，用快蓝B盐溶液处理，很容易观察到淡红色，结果还表明，该试剂在大麻雌株茎状腺毛体中表现优越。绞股蓝苗期雌雄株鉴别则使用了0.1% BTB（溴麝香草酚蓝）溶液，染色后10h左右颜色有明显差异，雌株的提取液为黄色，雄株为绿色。使用化学试剂染色鉴定植株性别，快速高效，且准确性较高，相较于形态学和氧化还原水平，是更为准确的雌雄异株植物性别鉴定方法，或多种方法联用准确率更高。

2.3.2 工业大麻性别的分子鉴定

雌雄同株工业大麻新品种选育是现阶段研究的热点，但是大麻的性别分化受遗传物质和环境因子的双重调控，导致雌雄同株工业大麻的性别不稳定，早期性别鉴定可以及早发现雄化植株，提高雌雄同株率。但单从经验性结论来看，不足以科学地支撑其雌雄性别鉴定的准确性。随着现代分子技术的不断更新与应用，DNA分子标记技术被认为是雌雄异株性别鉴定的准确且可靠的方法，因为其不受植物生长阶段的影响，还能打破传统育种的局限性。分子标记能直接反映DNA水平遗传多样性，与其他形态学、细胞学等水平的鉴定方法相比，更易于检测、节省时间，且准确性更高，还能提供更多的性别分化有益信息。据报道，分子技术的进步为现代遗传育种提供了更多种类的分子标记技术，已广泛应用于大麻种质遗传多样性和性别相关标记研究中，如特殊序列扩增（Sequence characterized amplified regions，SCAR）、随机扩增多态性DNA（Random amplified polymorphic of DNA，RAPD）、扩增片段长度多态性（Amplified fragment length polymorphism，AFLP）、简单序列重复（Simple sequence repeat，SSR）和单核苷酸多态性（Single nucleotide polymorphism，SNP）等。目前，在工业大麻领域，针对性别连锁的特异DNA标记已有较多研究。

宋书娟等（2002）应用RAPD技术首次对中国大麻进行了DNA水平的检测，得到一条长约820bp的与雌性性别连锁的特异DNA片段。该研究中共选用了 17 个引物，分别扩增了 5 个雌性和 5 个雄性植株的 DNA，不同引物的扩增带数为 3~10 条，扩增分子量为 0.2~1.5kb。其中引物 OPX-09 的扩增产物中一条长约 820bp 的带在雌性个体中均有而雄性个体中均无，推断该条带是与雌性性别连锁的特异带；另外，在引物 OPX-09 有条带中观察到 650bp、550bp、450bp、350bp 和 150bp 5 条带所有样本共享，可能为大麻属的属征带。郭丽等（2015）利用 AFLP 分子标记筛选了 64 对 EcoRI-NNN/MseI-NNN 引物组合，对 11 个不同大麻品种雌、雄植株的混合 DNA 池进行了性别连锁特异性条带的筛选。该研究首先分别提取雌雄株基因组 DNA，进行 AFLP 扩增，产物电泳后回收，再以回收产物为模板，MseI-NNN/EcoRI-NNN 为引物进行 PCR 再扩增，将扩增片段与特异条带大小一致片段与 pMD18-T 载体连接，连接产物转化大肠杆菌，将 PCR 鉴定呈阳性的单克隆质粒测序，NCBI 比对。共使用 64 对选择性引物对 11 个大麻品种雌、雄植株混合 DNA 池进行性别连锁特异性条带筛选，其中多态性组合 6 对：MseI-ACG/EcoRI-CTT 、MseI-AGC/EcoRI-CAC 、MseI-ACA/EcoRI-CTG 、MseI-ACC/EcoRI-CTG 、MseI-ACT/EcoRI-CTA 、MseI-AGC/EcoRI-CTA。雌雄单株 DNA PCR 验证结果表明，MseI-ACA/EcoRI-CTG 组合雄性连锁，初步鉴定为雄性基因连锁 AFLP 标记。经转化后提取质粒测序结果表明，所获得的大麻雄性连锁 AFLP 片段大小为 734bp，经各品种雌、雄单株验证，该条带只可在雄性单株中稳定出现，证实该标记可用于大麻早期田间性别鉴定。

姜颖等（2019）利用 42 条 RAPD 随机扩增引物分析工业大麻品种火麻一号组成的雄性或雌性 DNA 池，筛选并鉴定到了雄性相关 RAPD 和 SCAR 标记。该实验首先使用 42 对 RAPD 随机引物进行 PCR 扩增，扩增产物经电泳后进行分析筛选，结果发现，引物 OPV-08（5′-GGACGGCGTT-3′）在雄性工业大麻植株中扩增出 1 条>750bp 的特异性条带，条带明显，且稳定性高。对该片段进行 DNA 测序，得到相关序列并进行分析，通过 DNAMAN 进行序列分析显示该雄性特异片段共 869bp，属于非编码序列。EditSeq 软件分析发现其碱基组成为：A 26.18%、G 24.57%、T 26.76%、C 22.49%。为了将工业大麻雄性的 RAPD 分子标记转化为更加稳定的 SCAR 分子标记，根据随机引物 OPV-08 扩增得到的雄性特异片段的序列分别设计 18 个和 20 个碱基的正反向引物，正向引物的序列为 5′-GGACGGCGTTCCAAACGA-3′；反向引物的序列为 5′-GGACGGCGTTGGTTGAAATG-3′。用这两条正反向引物对 HM1 不同性别植株的 DNA 进行 PCR 扩增，得到了一条雄性 SCAR 分子标记。为了验证在工业大麻品种 HM1 中所获得的 SCAR 分子标记也适用于其他雌雄异株品种的雌雄株，用该标记检测包含 HM1 在内的 6 个已知雌雄株的雌雄异株工业大麻，分别为：火麻一号 HM1、SH2（黑龙江地方品种绥化-2）、WD2（皖大麻 2 号）、LJ（黑龙江地方品种龙江）、BQ（黑龙江地方品种拜泉）、LB（山西地方品种绿宝）的雌株和雄株，结果表明，此 SCAR 分子标记同样可以应用到其他雌雄异株材料花期的性别鉴定。为了验证在工业大麻品种 HM1 中所获得的 SCAR 分子标记同样也适用于苗期未知性别的大麻，用该标记检测 2 个工业大麻材料 QM1（庆大麻 1 号）、JM1（吉林地方品种柳河大麻），经花期调查验证，所得结果与花期雌雄株分化结果一致；同时用该标记检测随机选取的 5 株雌雄同株材料 USO-14 叶片的 DNA，结果表明，在>750bp 处无条带，上述结果表明该 SCAR 分子标记可以作为雌雄同株材料雄化的早期鉴定，即可在现蕾期之前发现可能分化的雄株材料并提早去除，以提高雌雄同株率。

孙哲等（2021）参照姜颖筛选出的 SCAR 分子标记设计引物，对工业大麻种子及幼苗进行雌雄株鉴定，并以此为依据对前人经验判别雌雄株的方法进行验证，以期找到准确的方法鉴定大麻雌雄株。首先使用该 SCAR 分子标记对 20 个产地的工业大麻雌雄株进行验证，结果显示所有雄性植株叶片材料在 869bp 处均出现特异性条带，雌株混池 H1、H2 未出现特异性条带，与预期结果一致，说明此引物可以用于鉴定工业大麻雌雄株；后随机取 10 粒工业大麻种子，利用 OPV-08 引物进行分子鉴定，5 个样品在 869bp 处出现特异性条带，为雄性种子，其余未出现条带，为雌性种子，证实该方法可以用于鉴定工业大麻种子雌雄。同时，为验证甲基红染色鉴定雌雄株的可行性，对选取的 DM19 的 30 株工业大麻幼苗进行染色实验，结果显示，32℃水浴 20h 后，混合液出现 2 种不同颜色，可见甲基红染色鉴定准确率不高。在种子形态验证时，按照种子外观形态，将种子分为 6 类，古籍描述的种皮颜色较黑、籽粒饱满的种子多为雌麻，颜色较浅，粒重较轻的种子多为雄麻，每类种子各取 10 粒提取单粒种子 DNA，以 OPV-08 为引物进行分子鉴定，结果与形态观察的结论极为不符。这些实验结果均表明，前人仅从种子以及幼苗外观、颜色等形态特征对工业大麻雌雄进行鉴定的方法不可靠，工业大麻雄性特异性序列可以准确鉴定出大麻种子和叶片的雌雄。

陶杰等（2022）选用新兴的 Indel 分子标记技术，应用于工业大麻早期性别鉴定。插入/缺失（Insertion-deletion，InDel）是指在近缘种或同一种物种不同个体之间基因组同一位点的序列发生了不同大小核苷酸片段的插入或缺失，及一个序列上某一位点相比同源的另一个序列插入或缺失一个或多个碱基。InDel 标记技术是基于 PCR 扩增技术发展起来的，其本质上属于长度多态性标记，但相较于其他分子标记技术而言，InDel 标记在基因组中的分布更广、密度更大、数目也更多，具有稳定性更好、多态性高、分型系统简单、设备要求限制低和通用性强等特点。目前 InDel 标记已应用于动植物群体遗传分析、分子辅助育种、纯度鉴定等领域，而 InDel 标记技术在大麻染色体中的标记报道较少。该实验选择庆大麻 1 号（Q1）作为 InDel 标记的筛选材料，与其他分子标记技术类似，首先提取植物基因组 DNA，而后通过位于 1 号性染色体的序列信息，以每 5Mb 的间隔选择沿染色体分布的 10 个 InDel 识别区域序列信息，利用 Primer5. 0 进行引物设计，依次命名为 Is-01~Is-10。

以 Q1 的雌雄单株 DNA 池为模板，分别对上述 10 对引物进行 PCR 扩增，扩增产物经聚丙烯凝胶电泳后进行引物筛选，经筛选后发现 Is-02（5′-CGATTTCTTCTTTCTGCAAT-3′）和 Is-08（5′-GTGCGATTTCTTCTTTCTGC-3′）能够对工业大麻雌、雄性别进行准确鉴定。Is-02 在工业大麻雌株中扩增出一条约 370bp 的单一带型，在雄株中扩增出一条约 370bp 和 199bp 的雄性双带型。Is-08 在工业大麻雌株中扩增出一条约 272bp 单一带型，在雄株中扩增出一条约 272bp 和 100bp 的雄性双带型。此外，分别将 Is-02 和 Is-08 PCR 扩增产物进行 1%琼脂糖凝胶电泳后，发现 Is-02 和 Is-08 也分别能在工业大麻雌株中扩增出单一带型（370bp、272bp），在雄株中扩增出双带型（370bp 和 199bp，272bp 和 100bp）。结果表明，两份标记物在琼脂糖凝胶电泳中同样适用于工业大麻雌雄株的性别鉴定。为验证筛选出的两对分子标记，该研究随机选取 24 株幼苗叶片进行 DNA 提取，进行 InDel 标记 PCR，并在花期观察雌雄性别，发现性别表型与 InDel 标记结果一致。由此说明，两份标记物可以有效鉴定工业大麻幼苗期雌雄性别，且准确率可达 100%。

诸多研究者对性别鉴定方法进行深入的探究，工业大麻早期性别鉴定的方法有许多种，主要分为性状鉴定和分子鉴定，性状鉴定分为种子鉴定和苗期鉴定，多为经验鉴定。上述 RAPD、AFLP、SCAR、InDel 等分子标记的实验结果均表明，前人仅从种子以及幼苗外观、颜色等形态特征对工业大麻雌雄进行鉴定的方法不可靠，工业大麻雄性特异性序列可以准确鉴定出大麻种子和叶片的雌雄。

3 工业大麻酚类物质形成的分子研究进展

工业大麻在世界各地均有栽培（或野生），现主要分布于亚洲和欧洲，我国大麻栽培历史悠久，种质资源丰富。

大麻全身都是宝，具有重要的经济价值，它可用于纺织、食品、药品、建材和造纸等多个方面，欧盟、加拿大和澳大利亚等国均以法律的形式明文规定 THC 含量低于 0.3%（干物质重量百分比）的大麻为工业大麻。工业大麻 THC 的含量极低，已不具有毒品利用价值，可用于生产有益大麻素。

工业大麻中存在大量的活性成分，迄今为止从工业大麻中分离出 600 多种次生代谢物。大麻素是工业大麻植物中特有的含有烷基和单萜基团分子结构的一类次生代谢产物。目前，已从工业大麻中鉴定出超过 115 种大麻素，主要产生于雌花的腺毛中，大麻二酚（CBD）、四氢大麻酚（THC）和大麻环萜酚（CBC）为工业大麻中的主要大麻素，目前已经对一些标志性大麻素及其类似物的潜在医用价值进行了广泛的研究，某些大麻素制剂已被一些国家批准为治疗一系列人类疾病的处方药，研究最多的是 THC 和 CBD，二者具有治疗多种人类疾病的潜力，如缓解与癌症相关的慢性疼痛，降低细胞抑制剂和化疗的不利影响，改善与厌食症和艾滋病相关的饮食失调、炎症性疾病、癫痫以及多发性硬化症。

次级代谢物的传统获取方式是从植物中提取或通过化学合成，但因其结构复杂，使用化学合成的方法成本高、效益低，无法成为大量合成大麻素的有效途径。研究表明通过工程微生物菌株生物合成大麻素已成为获得具有成本效益、高质量和可靠大麻素的有效手段。Zirpel 等（2015）通过四氢大麻酚酸（Tetrahydrocannabinol acid，THCA）合成酶在法夫驹形式酵母（*Komagataella phaffii*）中的表达，使大麻萜酚酸（Cannabigerolic acid，CBGA）转化为 Δ^9-四氢大麻酚酸（Δ^9-tetrahydrocannabinolic acid，Δ^9-THCA）。有研究报道利用合成生物学方法重组酿酒酵母中的橄榄酸生物合成模块，可以从己酸或半乳糖中生产大麻萜酚酸，但大多数代谢物生物合成的量仍有待提高。尽管已经阐明了许多参与大麻素生物合成的基因，这些基因的功能尚未得到充分验证，其生物合成的遗传学仍然未知，因而工业大麻酚类物质形成的分子机制，亟待拓展深入研究。

3.1 工业大麻酚类物质的基础研究

3.1.1 工业大麻的化学型分类

大麻素是大麻植物中一个重要的化学分类标记，根据 THC 和 CBD 的含量（一般指大麻雌株顶部花穗中的含量）及两者的含量比值可对大麻植物进行化学型分类。Fetterman 等（1971）根据 THC/CBD 比值将大麻植物分为两种化学型，即毒品型（又称药用型）大麻（THC/CBD＞1.0）和纤维型大麻（THC/CBD<1.0）。Small 和 Beckstead（1973）基于 THC 与 CBD 的含量将大麻分为 3 种化学型，即毒品型大麻（THC>0.3%，CBD<0.5%）、中间型大麻（THC>0.3%，CBD>0.5%）和纤维型大麻（THC<0.3%，CBD>0.5%），这种分类观点认为，THC<0.3%的大麻不太可能使人致幻成瘾。De Meijer 等（1992）则把 THC<0.5%的大麻划归为非毒品大麻，认为大麻可分为毒品型大麻（THC> 0.5%，CBD<0.5%，即 THC/CBD>1）、中间型大麻（THC>0.5%，CBD>0.5%）和纤维型大麻（THC<0.5%，CBD>0.5%，即 THC/CBD<1）。云南省农业科学院经济作物研究所麻类研究中心 1993 年对采自全国 23 个省（自治区和直辖市）的 700 余份具有代表性的大麻样品进行了大麻素含量分析，参照化学分型方法并结合禁毒部门的要求，将中国生长的大麻分为 4 种化学型，即毒品型大麻（THC/CBD ≥ 1，且 THC＞0.3%）、中间型大麻（THC/CBD≈1，多数有毒品利用价值）、纤维型大麻（THC/CBD ≤ 1，且 THC<0.3%）及不含（含微量）THC 和 CBD 的大麻。总的来看，根据大麻素化学成分将大麻分为 3 种主要化学型的方法得到了多数科学家的认可，但是尚未有针对大麻的统一化学分类标准，尤其是非毒品大麻中 THC 的含量没有统一的标准。近年来，由于大麻工业的迅速发展，部分发达国家以及中国（云南）把 THC<0.3%的大麻品种类型定义为工业大麻，不在毒品大麻范围之内，可以合法种植。

3.1.2 植株中大麻素含量的动态变化

大麻素类物质以大麻酚和大麻酚酸两类化学形式存在。在新鲜的大麻组织中，均以酸的形式合成并存在；大麻植株及其提取物在干燥、陈化、加热或焚烧后，大麻酚酸通过非酶促反应脱羧基转化为大麻酚。例如在新鲜的大麻组织中，四氢大麻酚酸（THCA）的浓度要比 THC 高得多，但是在干燥、陈化、加热或焚烧后，THCA 通过非酶促反应脱羧基转化为 THC。不同大麻素在大麻植株中的含量有着各自的特征。THC 的含量在幼苗生长期较低，快速生长期最高，现蕾期达到顶峰，在茎秆及种子成熟期其含量下降（陈其本等，1993）。THC 在大麻各个部位中的含量也不相同，一般按照苞片、花、叶、细茎和粗茎的顺序递减，THC 在雌株的花和叶中含量最高，根和种子中含量极少（Flores-Sanchez，2008；UNODC，2009）。此外，THC 作为一种次生代谢产物，主要在有柄腺毛的分泌囊中被合成并积累（Mahlberg and Kim，2004）。另有研究发现，大麻素是一种细胞毒性物质，它之所以在苞片等植物脆弱部位的腺毛中合成并储存，一方面是为了防止自身的细胞被毒害，另一方面可作为一种植物自身防御剂抵御细菌和昆虫等的侵害（Sirikantaramas et al.，2005；Appendino et al.，2008）。CBD 和 THC 是由同一个基因位点控制的互为共显性的两个性状，CBD 的含量特征与 THC 相似。CBC 是大麻幼苗期主要的大麻素成分，随着植株的逐渐成熟，CBC 的含量迅速降低，以至可以忽略不计（Morimoto et al.，1997，1998；Hillig and Mahlberg，2004）。大麻酚（CBN）在新鲜及阴干的大麻材料中不存在，它是干燥后的大麻长时间暴露在空气、紫外线或者潮湿的环境下产生的，是 THC 被氧化后的产物。大麻素的含量主要受遗传控制，但也受环境的影响。许多研究表明，大麻素的总含量受光照长度、环境温度、土壤肥力和紫外线强度（Bócsa et al.，1997）等环境因子的影响。我国大麻种类多且分布广，再加之我国地理环境多样化，深入研究环境对大麻素含量的影响规律对指导工业大麻生产和禁毒工作极其必要。

3.1.3 大麻素的次生代谢途径

高等植物在生长发育过程中产生各种各样的新陈代谢产物，其中，糖、蛋白质、氨基酸、多肽、脂类和核酸等是维持植物生命活动所必需的，称为初生代谢产物；与此相对应，植物体内还存在一些分子量较小的有机化合物，它们常以某些初生代谢产物为原料，经过生物酶催化合成，但并非植物生长发育所必需，称为次生代谢产物。由于植物的固定不能移动的特点，它们进化出许多机制来适应周边环境的变化，以保护自身免受伤害。次生代谢物的产生是其应对自身不同生长发育阶段变化、环境变化的重要方式。其中环境因素包括当地的地理气候、季节变化、温度、光照、湿度和发育过程等外部条件。这些次生代谢物可能涉及复杂的化学类型，并在结构和功能上相互影响。大部分次生代谢物由初生代谢产物合成，并在植物细胞中积累。

次生代谢物是植物在对环境的适应过程中长期演化产生。越来越多的研究表明，次生代谢物与植物对病虫害的抗性、逆境胁迫、品质特性等紧密相关。高等植物次生代谢物常集中在一定的器官，且具有物种特异性，如在大麻、黄花蒿等植物中特有的次生代谢物——大麻素和青蒿素，大多在腺毛进行合成和储存，人参皂苷主要储存于人参或三七的根部等。植物次生代谢物可以在整个植物体的细胞中检测到，但是，在大多数情况下，生物合成的部位仅限于一个器官，并通过维管组织或共质体和质外体运输到不同的区域，这取决于代谢物的极性。许多植物的次生代谢产物，如青蒿素、大麻素、长春花碱等，具有独特生物活性，是开发植物药的基础。目前，世界上约75%的人口依赖从植物中直接提取次生代谢产物作为药物，人类使用的药物中约25%来自药用植物。

尽管人类种植大麻已达数千年的历史，但是关于大麻素的生物合成途径直到最近才逐渐明晰。大麻素的生物合成起源于聚酮化合物途径和脱氧木酮糖-5-磷酸/2-甲基赤藓醇磷酸（DOXP/MEP）途径。聚酮化合物广泛存在于生物体中，在聚酮合酶（Polyketide synthase，PKS）的催化下生成。在大麻植株中，聚酮合酶首先催化己酰辅酶 A（Hexanoyl-CoA）与酶活性位点结合，然后经丙二酰辅酶 A（Malonyl-CoA）的一系列脱羧缩合，致使聚酮链延长，随之酶中间产物闭环并芳构化，形成的聚酮化合物即是戊基二羟基苯酸（Olivetolic acid，OLA），它是大麻素合成的起始底物。DOXP/MEP 途径产生异戊烯基焦磷酸（Isopentenyl diphosphate，IPP）及其异构物二甲基烯丙基焦磷酸（Dimethylallyl diphosphate，DMAPP），两者在合成酶的作用下生成焦磷酸香叶酯（Geranyl pyrophosphate，GPP）。在异戊烯转移酶（Prenyltransferase）的作用下，OLA 既可以接受 GPP 形成单萜类化合物——大麻萜酚酸（CBGA），也可以接受 GPP 的异构体焦磷酸橙花酯（Neryl pyrophosphate，NPP）形成另外一类单萜类化合物——大麻酚酸（CBCA）。由于 GPP 的活性远大于 NPP，所以在大麻植株中 CBGA 的含量远大于 CBCA。

CBGA 是 THCA 合成酶、CBDA 合成酶及 CBCA 合成酶的共同底物，氧化还原后分别形成 THCA、CBDA 和 CBCA。鉴于此，Sirikantaramas 等（2004）对 THCA 合成酶和 CBDA 合成酶进行了生化特征研究，结果显示两者的结构和功能非常相似，催化反应过程均需要结合 FAD，并均需要氧分子的参与，同时释放 H_2O_2。唯一的不同是质子的转移步骤，THCA 合成酶是从羟基上转移 1 个质子，CBDA 合成酶则从末端甲基上转移 1 个质子，最后均通过空间闭合环化，分别形成 THCA 和 CBDA。大麻素合成途径中还存在另外一种形式，即 GPP 与丙基雷锁辛酸（Divarinic acid）缩合，而不与 OLA 缩合；产物为 CBGV 而非 CBGA，CBGV 同样可以在相应合成酶的作用下，转化为相应的丙基同系物，即 THCV、CBDV 和 CBCV。目前，虽然对于大麻素成分的研究较为深入，但大麻素合成途径及相关功能基因怎样通过信号转导受调控依旧不清楚。

3.1.4 大麻素的医疗作用

大麻素是大麻植株中的次级天然产物，迄今为止得到确切报道的大麻素成分已达百余种，主要存在于大麻雌株花萼等处的腺毛中。大麻素的潜在药物应用已被广泛研究，通过与植物内源性大麻素系统（如大麻素受体和内源性大麻素合成或降解酶）的相互作用，每种化合物都可引发不同的药理作用。其中 THC 和 CBD 两种大麻素成分是工业大麻中含量最多的主要有效成分。自发现大麻素能够治疗某些精神障碍以来，揭示大麻素治疗精神障碍的药用机制逐渐成为相关领域热点科学问题。

THC 是第一种被发现和研究的大麻素，以其精神活性而闻名，如今 THC 已被广泛用于治疗化疗引起的恶心和呕吐，艾滋病引起的食欲减退以及多发性硬化症中的疼痛和肌肉痉挛的治疗剂等。THC 具有精神活性的大麻素成分，其发挥作用主要依赖于Ⅰ型大麻素受体（Cannabinoid receptor type 1，CB1R）及Ⅱ型大麻素受体（Cannabinoid receptor type 2，CB2R），并通过参与影响机体 GABA/谷氨酸的神经传递和多巴胺释放过程，可以导致包括焦虑、妄想、知觉改变和认知缺陷在内的多种神经精神效应。CBD 则不具有精神活性，并被认为具有抗感染、保护组织和拮抗 THC 的作用。CBD 拮抗 THC 主要通过清除自由基增强抗氧化细胞防御，使得线粒体膜上的 CB1Rs 抵消 THC 在细胞内的作用。而大麻之所以被列为成瘾毒品，主要是因为使用 THC 等有效成分的大麻制剂会导致细胞质膜和胞内 CB1R 过度激活，导致一系列神经精神效应，并破坏机体内源性大麻素的调控衰减速度。

鉴于 CBD 的多种医疗效果，目前相较于其他大麻素研究较为广泛，更多的生理作用正在深度挖掘。内源性大麻素系统主要由内源性配体和受体组成，配体主要包括 N-花生四烯酸氨基乙醇（N-arachidonoylethanolamide，AEA）和 2-花生四烯酸甘油（2- arachidonoyl glycerol，2-AG）。受体包括 CB1R 和 CB2R 两种亚型，CB1R 主要在中枢神经系统表达，并通过直接调控内源性大麻素系统而影响谷氨酸、γ-氨基丁酸（γ-aminobutyric acid，GABA）和多巴胺的功能，参与认知、情感、奖赏和记忆等多种脑功能调节，因此受到广泛关注。与 CB1R 不同，CB2R 被认为是一种“外周”大麻素受体，主要分布在脾脏、扁桃体和免疫细胞，与机体的免疫调节密切相关。近年来，CB2R 在外周和中枢免疫调节中的作用得到了越来越多的关注。此外，在某些病理条件下（如成瘾、炎症、焦虑和癫痫），CB2R 在脑中的表达明显上调，说明 CB2R 可能参与了这些疾病过程。CBD 对 CB1R 和 CB2R 的亲和力极低，与经典的激动剂或拮抗剂不同，其主要通过与受体的其他位点结合发挥作用，研究表明 CBD 主要作用于神经精神疾病相关的 G 蛋白偶联受体和离子通道等，如五羟色胺（Serotonin，5-HT）受体、甘氨酸受体、腺苷受体及瞬时受体电位离子通道（Transient receptor potential，TRP）等，并且能抑制突触小体对去甲肾上腺素、多巴胺、5-HT 和 GABA 等神经递质的摄取及细胞对内源性大麻素的摄取过程，同时还可影响线粒体的钙离子存储，阻断低电压激活的 T 型钙离子通道。研究表明，CBD 非竞争性地拮抗 CB1R 和 CB2R 各自的激动剂如 CP55940 与 R-（+）- WIN55212 的作用，其中对 CB1R 表现为负性变构调节，而对 CB2R 表现为反向激动作用。CBD 对 CB1R 的负性变构调节提示其在发挥治疗作用的同时，能避免大麻素样的神经精神方面的不良反应。CBD 对 CB2R 反向激动作用可以抑制免疫细胞迁移，可能与其抗炎作用有关。

癫痫是大脑神经元突发性异常放电，导致短暂的大脑功能障碍的一种慢性疾病，据统计癫痫约占全世界疾病负担的 1%，是继抑郁症、酒精成瘾和脑血管疾病后的第四大神经精神疾病。2 000 多年前，一些亚洲国家就开始使用大麻素来治疗癫痫发作。CBD 在毛果芸香碱致癫痫模型和电休克致癫痫模型中均起抗惊厥作用。而且 CBD 也可降低 Dravet 综合征和 Lennox-Gastaut 综合征等难治性癫痫患者的癫痫发作频率，CBD 发挥抗癫痫作用可能主要通过 GABAA 受体、电压门控性钠通道（Nav）、瞬时受体电位香草酸亚型 1（Transient receptor potential vanilloid-1，TRPV1)、G 蛋白偶联受体 55（G protein-coupled receptor 55，GPR55）和腺苷 A1 受体等靶点起作用。

神经病理性疼痛是一种严重的慢性疼痛，由影响外周或中枢的躯体感觉神经系统病变或疾病引起，异常疼痛和痛觉过敏是其主要症状。研究表明，CBD 不但能改善各种神经病理性疼痛动物模型的痛觉超敏症状，而且 THC/CBD 口腔黏膜喷雾剂（商品名 Sativex）对伴有异常疼痛的外周和中枢神经病理性疼痛患者也有改善作用，且耐受性良好。此外，CBD 被认为是一种功效卓越的促修复、抗衰老成分，尤其针对皮肤敏感、干燥以及湿疹和痤疮等问题肌肤，高 CBD 含量的大麻素产品研发逐渐成为相关领域的研究热点，含有 0.5%CBD 和 1%大麻油的润肤霜对皮肤短期（即单次使用后）和长期（即定期使用后）使用均具有较好的保湿效果，对红斑同样有改善作用，其他研究显现大麻籽提取物霜剂在痤疮治疗中具有积极作用，其医学价值不容小觑。

大麻素提取物的作用在抗癌领域同样引人关注。研究认为 CBD 主要通过调节核因子-κB（NF-κB）-p53-Bax-caspase-3、抑制 Akt-mTOR 信号传导、调控活性氧簇（ROS）-Ca^{2+}-JNK 线粒体途径等方式诱导癌细胞凋亡，或通过 ERK-p53/Id1 信号通路来调节细胞周期，抑制癌细胞增殖，调节 HIF-1α-细胞黏附分子（ICAM-1)、MMP-9-上皮间质转化（EMT）-β-catenin 等信号通路减轻癌细胞的侵袭性，来实现抗癌作用。CBD 作为天然大麻素的提取物，所表现出的抗炎、镇痛、神经保护、心血管保护、抗肿瘤等作用都展示出了极高的研发潜力，CBD 能否安全、有效地应用于临床中，还需要积极探索和研究。

3.2 工业大麻酚类物质产生的分子机制

植物在应对环境变化过程中形成了各种次生代谢途径，生成相应的次生代谢产物来缓解环境的胁迫，保护自身和提高竞争能力。非生物胁迫和应激防御反应对植物次生代谢物合成的影响是多方面的，胁迫信号转导系统在次生代谢物的代谢中起着重要作用。大量的研究表明，胁迫和防御反应都与植物的次生代谢过程有关，通过新兴的生物技术研究植物的空间和时间变化，能够帮助阐明与发育过程和环境调节有关的生物活性化合物的合成和调控，理解与次生代谢生物合成相关的复杂过程。

3.2.1 工业大麻基因草图的构建及大麻素合成途径的转录组分析

相比其他作物，工业大麻基因组学研究起步较晚，Bakel 等在 2011 年完成了工业大麻基因组和转录组草图的构建，是工业大麻基因组学及分子领域里程碑式的创举。Bakel 等进行相当细致、工作量极大的研究，首先从特定工业大麻植株材料的叶片中分离到基因组 DNA，共建立 6 个 2×100bp Illumina 配对端文库，中位插入大小约为 200bp、300bp、350bp、580bp 和 660bp。在过滤掉低质量的短序列片段（reads）后，对文库进行测序，每个文库至少测得 92Gb 数据，这相当于估计的约 820Mb 基因组的大约 110 倍覆盖率。为了提高重复分辨率和构建图谱，Bakel 等用 4 个 2×44bp 的 Illumina 配对文库和 2 个 2×44bp 的文库对这些数据进行了补充，其中 4 个 2×44bp 的文库的中位插入长度约为 1.8kb，另外 2 个 2×44bp 的文库的中位插入长度约为 4.6kb，在 1.85 亿个独特的配对读取中增加了 16.3Gb 的测序数据，并纳入了 11 个 454 个配对库，插入大小从 8~40kb 不等，获得了至少 1.9Gb 的原始序列数据。同时对 6 个组织，即根、茎、营养芽、花原基、早期花和中期花的 polyA+RNA 进行了测序，获得了至少 18.8Gb 的序列。为了增加稀有转录本的覆盖率，对 6 个 RNA 样本的混合物进行了标准化 cDNA 文库的测序，获得了额外的 33.9Gb 的数据。

针对序列的组装，Bakel 等选择了 ABySS 和 Inchworm 两种方式以适配工业大麻的转录组并提高覆盖率，去除掉低质量 reads 后，超过 94%的组装转录本至少有一半的长度映射到基因组草图，其中 83.9%的转录本可被完全标注，表示转录本的所有碱基都可以被映射到基因组中。随后该研究对大麻素合成途径的转录组进行了深入解析，*hexanote*、*MEP* 和 *GPP* 等基因在大麻素途径以及花发育（花前、花发育的早期和中期）中均表现出较高的表达量，在腺毛中（主要存在于雌花）也呈现相同的表达趋势，证实参与花形成的基因与大麻素和萜类化合物的合成基因高度相关。工业大麻中 THCA 合成酶（THCAS）和 CBDA 合成酶（CBDAS）的表达量控制着 THCA 和 CBDA 的产生。事实上，THCAS 在该研究使用的工业大麻品种 PK 所有阶段的花中都有高表达，而 CBDAS 则不存在，与低 THC 品种 Finola 相比，PK 大麻素相关代谢途径的表达水平提高了 15 倍。

推断 PK 和 Finola 大麻素水平差异的原因可能是花中腺毛密度的差异。从最丰富的 1 000 个转录本中，研究者选择了目前研究中在 PK 根、茎或茎中表达量与花中期表达量差异最大的 100 个转录本。*THCAS* 基因亚群是高度富集的基因主要表达在腺毛中，大麻素途径酶存在几百个明显的异常值。异常值中包括几十个转录因子，包括两个先前被认为在大麻毛状体的调节过程中起作用的 myb 结构域蛋白。这些数据表明，大麻素在 PK 中的产量增加可能部分是由于生物合成基因的表达增加。为了开始寻找大麻之间差异的潜在原因，对低 THC 品种 Finola 的基因组进行了测序。经过比对，PK 和 Finola 基因组间整体 MRD 差异相对较小。唯一的例外是 *AAE*3 的覆盖范围扩大，该基因编码一种在 PK 中功能未知的酶。*AAE*3 与拟南芥 *AAE* 相似，已被证明可以激活中链和长链脂肪酸、己酸盐。尽管 *AAE*1 更可能是参与大麻素生物合成的乙酰-辅酶 A 合成酶，但由于其在花组织中的高表达和在 PK 中的转录丰富度增加，*AAE*3 可能在大麻素生物合成中发挥其他未知的作用；另外，检测到 *AAE*3 多外显子拷贝和单外显子拷贝，推测 *AAE*3 的大量扩增是通过在 PK 基因组中插入加工过的假基因而发生的。PK 基因组包含两个参与大麻素生物合成的基因的两个拷贝，其中 *AAE*1 的拷贝，根据比对其编码的蛋白质可能与大麻素生物合成途径的己酰辅酶 A 前体有关，另外的拷贝 *OLS*，可能编码大麻素途径聚酮合酶，在数年后的研究中，证实 *OLS* 确实是大麻素途径中关键的聚酮合酶。THCA 和 CBDA 化学类型的分子基础尚不清楚，De Meijer 等（2003）将 CBDA 和 THCA 显性植物杂交以产生 F_1后代，它们的比例近似 1∶1，自交产生的 F_2后代以 1∶2∶1 的比例分离 THCA 显性∶共显性混合 THCA/CBDA∶CBDA 显性化学型。这些数据提出了两种解释，一是单一的大麻素合酶基因座（B）存在于编码 THCAS 或 CBDAS 的该基因的不同等位基因中；二是 THCAS 和 CBDAS 由两个紧密相连但在遗传上独立的基因座编码。在后一种情况下，转录本丰度和/或酶效率的差异可能是造成不同化学型比率的原因。事实上，鉴于这两种酶都在竞争 CBGA，一种活性的降低可能会导致另一种大麻素产量的成比例增加。

THCA 显性 PK 基因组序列草图有助于初步了解大麻素谱遗传的机制。使用已发布的 THCAS 序列查询 PK 基因组，鉴定出一个 12.6kb 包含 *THCAS* 基因的序列，其中包含一个 1 638bp 外显子，与已发表的 *THCAS* 核苷酸序列具有 99%同一性。在 PK 转录组中搜寻 *THCAS* 转录本，发现其在雌花中以高丰度表达，并鉴定到类似 *THCAS* 的假定基因，与 *THCAS* 核苷酸同一性为 91%。另外，使用 *CBDAS* 序列查询 PK 基因组，鉴定到多达 3 个包含 *CBDAS* 假定基因，其中一个与 CBDAS 具有 95%的核苷酸同一性，其他两个与 CBDAS 具有 94%的核苷酸同一性，所有这些都包含过早终止密码子和移码突变。可以在 PK 转录组中识别出与 CBDAS 具有 100%核苷酸同一性的 347bp 转录片段，这可能是由无义介导来自 CBDAS 假定基因的转录物衰变产生的。一个可能的解释是，在 PK 等高 THC 工业大麻的开发过程中，育种者选择了非功能性 CBDAS，这将有效消除 CBGA 的底物竞争，从而增加 THCA 产量。或者，PK 基因组中的 CBDAS 假定基因可能出现在所有大麻植株中。如果这是真的，单基因座模型可能仍然是正确的，没有在这个基因座上找到编码 CBDAS 的等位基因，因为 PK 是 THCAS 的纯合子。

为了说明大麻基因组和转录组在阐明大麻素生物合成方面的潜在价值，Bakel 等（2011）搜索了编码可能催化大麻酚酸（CBCA）形成的酶的基因，该酶作为次要成分存在于大多数大麻植物中，并且在某些品种中作为主要大麻素存在。虽然合成 CBCA 的蛋白质已从大麻中纯化出来，但编码 CBCA 合酶（CBCAS）的基因尚未鉴定。假设 CBCAS 是一种与 THCAS 和 CBDAS 相关的氧化环化酶，使用 THCAS 和 CBDAS 序列查询 PK 转录组，总共鉴定了 23 个大于 65% 核苷酸同一性的候选者序列，其中包括指定为 THCAS-like1 至 THCAS-like 4 的 4 个基因，它们编码的蛋白质在氨基酸水平上分别与 THCAS 具有 89%、64%、68%和 59%的相同性。还鉴定了对应于 CBDAS2 和 CBDAS3 的转录本，它们与 CBDAS 密切相关但不编码具有 CBDAS 活性的酶。其余 18 个基因与生物碱合成酶的结构十分类似，有待进一步的分析。医用大麻植株根据 THC 水平、THC 与 CBD 比率、次要大麻素的存在以及萜类化合物等其他代谢物的贡献而具有不同的治疗效果，大麻基因组和转录组的序列将为确定导致主要和次要大麻素的途径和剩余酶提供机会，有助于为医疗和制药应用培育药用大麻。

3.2.2 物理刺激对大麻素产生的影响及组学研究

植物受到物理刺激后，在数分钟或数小时内便发生伤反应，激活防御反应体系，通过特异信号的产生和释放、信号的感知和转导及防御相关靶基因的激活等，促进次生代谢物合成，使植物免遭进一步损伤。物理刺激破坏了植物细胞的完整性，它导致细胞膜破坏、脱水、脂质和蛋白质氧化、蛋白质聚集。受损的组织会导致植物养分的流失和病原体的入侵，导致病害在整个植物中传播，特定的代谢物集中在伤口上，促进伤口愈合，防止微生物感染。

这是由物理刺激引起的激活和对特定代谢途径的调节引起的，相关的代谢物通过直接或间接的毒性作用，帮助植物抵御食草动物、病原体或竞争者造成的伤害。因此，代谢物和代谢途径的变化反映了植物对物理刺激的反应。

如烟草叶片受到的物理伤害导致茉莉酸酯介导的烟草根系尼古丁生物合成的增加，这种增加是由于编码尼古丁生物合成中的关键调节酶 N-甲基转移酶基因的转录激活所致。通过这种方式，植物受损伤部位触发了一个信号，使得远距离的、未受伤害的部位做出反应。木豆受到机械损伤后，叶片积累了大量的酚类化合物和黄酮类化合物，这类代谢产物是防治虫害的有效武器。近年来，高通量组学方法发展迅速，许多研究应用组学方法，如代谢组学、转录组学、蛋白质组学等，来研究和理解与胁迫相关的代谢物合成途径和基因调控网络，这些基因及其组成的代谢合成途径参与了植物中次生代谢物的生物合成。

对工业大麻而言，外施刺激因素可以调控次生代谢物的合成。研究发现，大麻植株生命力顽强，在茎秆折损、劈裂等情况下，虽然生长发育和表型特征受到一定影响，但依然能保持生命力。为了获得大麻素含量较高的大麻花叶，在采收前数天，常采取一些物理刺激方法，以期在生物产量不变的情况下，提高大麻素的含量，从而提高种植效益。这些物理刺激方法包括黑暗处理、冰水浇灌处理、低温处理、机械损伤处理等。这些刺激的共同特点是与植物原有生长环境相比具有极端性，属于急发性逆境胁迫条件。推测逆境胁迫处理增加大麻素含量的原理为：植物感受到不利的环境条件时，会激发自身应激系统，进行防御反应，次生代谢活动加剧和次生代谢物增加是这种防御机制的表现之一。为验证这种推测，程超华等（2023）选取了机械损伤这一逆境条件对工业大麻进行处理，以期探索逆境处理对大麻种植增产增收的影响，并研究逆境条件下大麻对机械损伤的应激防御机制。

首先将遗传背景一致的实验群体种植于人工气候室，维持光周期为 18h 光照/6h 黑暗，温度 25℃使其进行营养生长。距种植土 5cm 处将茎秆从中劈开，塞入竹片，劈口上下用扎带绑紧，以免植株因茎秆受损、支持力不足而发生倒伏。机械损伤处理前取花叶样品作为对照（0d），机械损伤后一定时间取样（取样部位为花序前端 15cm 部分）。样品混合后分成 4 份，其中 1 份阴干后室温避光保存，用于 CBD 和 THC 检测；3 份经液氮速冻后保存于超低温冰箱留作转录组测序。对大麻花期植株进行了机械损伤处理，对其形态变化和 CBD、THC 含量变化进行了记录。在大麻进入开花期不同时间点对其进行损伤处理，发现大麻植株后期的生长发育、生物产量、表型等均受到较大影响，处理时间越早，对大麻植株形态和生物学产量影响越大，处理时间越晚，对大麻形态和生物学产量影响越小。在大麻进入开花期 4 周后对其进行损伤处理；受机械损伤 2d 后，大麻植株的新生小叶上，作为大麻素类次生物质的代谢和存储器官的腺毛，浓密程度较未受损伤的对照增加；受损 10d 后，大麻植株花序呈现花叶较为密集，但叶片小而卷曲的特点。

为研究机械损伤对 CBD 和 THC 含量的影响，对损伤处理后的 0d、2d、4d、7d、10d 花叶进行了 CBD 和 THC 含量检测。大麻 CBD 和 THC 含量在处理后 2d 达到峰值，然后逐渐降低，虽然后期含量有所回升，但无法达到损伤处理 2d 后的峰值水平。推测机械损伤诱发了大麻植株的应激防御机制，导致包含 CBD 和 THC 在内的一系列生化物质变化，以应对植株受到的逆境胁迫，同时也对后期的生长发育产生持续性影响。在转录组测序的实验中，以未处理样品（0d）为对照，对大麻受机械损伤后 1d、2d 的大麻花叶取样，进行转录组测序，每个取样时期设置 3 个生物学重复，共构建 9 个文库，各样品数据与参考基因组的比对率在 89.02%~91.05%，其中比对到参考基因组上多个位置的 reads 占 4.67%~4.85%，没有比对上基因组的 reads 数占 8.95%~10.08%。整段不拆分比对上基因组的 reads 数为 48.99%~49.88%。分段比对到基因组多个位置上的 reads 数占 32.36%~33.80%。一个片段测序得到的一对 reads 都比对上基因组，且距离合适的 reads 数占 77.95%~78.90%。在受到机械损伤处理 2d 后大麻花叶内上调的差异基因数目比 1d 的上调基因多 46%，下调的基因数目是 1d 的 3 倍。说明受损伤后发生表达变化的基因数量呈现急剧增加的趋势，推测基因表达产生了级联放大效应。在 3 个时期的两两比对中，共筛选到 2 181 个差异表达基因，其中 0d vs 1d 组、0d vs 2d 组和 1d vs 2d 组的差异表达基因个数分别为 518、1 296、1 218 个，有 20 个基因在 3 个时期的表达均存在差异。各个时期的差异表达基因重复性不高，其中 0d vs 2d 的差异基因与 0d vs 1d 的差异基因有 289 个相同，1d vs 2d 的差异基因与 0d vs 1d 的差异基因只有 70 个相同，但 0d vs 2d 的差异基因与 1d vs 2d 的差异基因有 512 个相同。提取不同取材时期差异基因的 FPKM 表达量做层次聚类分析发现，茎秆受机械损伤后的大麻花叶中，不同取材时间样品中，基因表达差异较大，同一取样时间的组间重复样本，表达有差异但较小。

对所有对比组中差异表达基因进行 GO 富集分析，机械损伤后大麻花叶中的差异表达基因显著富集的分子功能有催化活性、转运活性、联结、转录调节活性等。差异基因显著富集的生物过程有细胞过程、代谢过程、刺激应答、生物调节过程发育过程、多细胞生物过程和信号传导等。在细胞组分中，差异表达基因主要富集在细胞及细胞组成部分，其次为细胞器和细胞膜。而在 KEGG 富集图中，发生机械损伤 1d 后，差异基因比对到 KEGG 信号通路中，主要集中在初生代谢物（$n=60$，44.8%）和次生代谢物合成（$n=41$，30.6%）两类生物通路。另外还有抗生素合成（$n=13$，9.7%）植物与病原体互作（$n=12$，9.0%）、酚类物质合成（$n=11$，8.2%）、不同环境中的微生物代谢（$n=11$，8.2%）等通路，也有较多差异基因的表达。发生机械损伤 2d 后，差异基因比对到 KEGG 信号通路中的情况与之类似。在差异表达转录因子的鉴定中发现，数量最多的 10 个家族为 AP2/ERF-AP2、MYB、GRAS、LOB、NAC、bHLH、GRF、C2H2、B3 和 bZIP，占所有差异转录因子的 55%。转录因子在调控植物抵抗生物及非生物胁迫的信号网络中起着中枢调节和分子开关的作用，通过激活或抑制基因的特异性表达，增强植物对胁迫的响应，从而减轻胁迫伤害。大麻机械损伤转录组测序实验结果表明，大量的胁迫响应转录因子参与了大麻应对机械损伤的胁迫响应。对转录组、代谢组、激素测定等结果联合分析发现，大麻受到机械损伤后，各对比组中，皮尔森相关系数大于 0.8 的差异基因和差异代谢物均主要富集在初生代谢途径、次生代谢产物的生物合成、植物激素信号转导等代谢通路，其中植物激素信号转导为重点研究通路。大麻受到机械损伤后，在 JA、JA-ILE、SA 和 ABA 等激素含量发生显著变化的同时，许多与植物激素信号传导过程相关的基因发生差异表达。尤其是 JA 含量在受机械损伤 2d 后急剧升高，其信号传导相关基因表达也发生变化，与之对应的代谢组分析表明，醇类、醌类、苯丙素、酚胺、生物碱和黄酮醇等次生代谢物含量增加。推测 JA、SA、ABA 3 种激素及其信号传导下游相关的基因，包括次生代谢物合成相关的基因，在大麻的机械损伤响应防御过程中扮演极其重要的角色。推测大麻应激防御机制为：受到茎秆机械损伤后，损伤信号迅速穿过细胞膜，植物激素、活性氧等相关物质发生含量变化，并作为信号，激活相关转录因子，调控下游基因的表达。其中次生代谢相关基因的表达变化是信号传导的重要一环，导致了包括 CBD、THC 在内的大麻特异性次生代谢物含量提高。与大麻特有次生代谢物代谢途径相关联的其他代谢途径，如黄酮类化合物、萜类化合物等的代谢途径也发生相应关联变化，共同形成应对机械损伤的物质基础。

3.2.3 激素对大麻素合成的影响及组学研究

吴姗等（2021）对激素影响大麻素合成的研究较为深入，选用多种激素处理工业大麻植株，监测 CBD 和 THC 等大麻素的含量变化，最终选用 KT（激动素）处理组做转录组分析。此实验选用 CBD 含量较高的工业大麻 DMG227 品种，为来源于同一母株、遗传一致的克隆苗群体，用 20mg/L KT 对整个植株喷施处理，以蒸馏水为对照，花期两周后进行处理，每隔 2d 处理一次，取样时间为处理结束 1d、10d、20d 和 30d，将 30d 取样样品送转录组测序。使用总 RNA 数量 cDNA 文库构建及 RNA-Seq，以已有参考基因组（https://www.ncbi.nlm.nih.gov/genome/browse#! /eukaryotes/11681/）为参考序列，进行后续分析，结果显示，1d、10d、20d 和 30d 共 4 次取样中 CBD 与 THC 含量均高于对照组，CBD 含量分别提高了 18.06%、27.14%、20.13%和 28.52%，THC 含量分别提高了 31.03%、39.25%、19.58%和 33.33%。

30d 取样转录组分析中显示，KT vs CK 显著差异表达基因共 1 190 个，其中上调 1 027 个，下调 163 个。上调基因远多于下调基因。通过对差异基因进行聚类分析发现，差异基因表达水平在 3 个重复中重复性良好。为了研究 20mg/L KT 喷施处理对大麻素合成的具体影响，通过 GO 功能对 DEG 进行分类。分析发现共有 1 106 个显著差异基因富集到 GO 分类，956 个上调，150 个下调。在生物过程中，生物过程（121 个）、转录，DNA 模板（90 个）、以 DNA 为模板的转录调控（88 个）和蛋白质磷酸化（57 个）差异表达基因数量较多；在细胞成分类别中，细胞核（266 个）、等离子膜（205 个）、细胞外区域（150 个）和细胞质（148 个）占比最多；在分子功能类别中，分子功能（123 个）、蛋白质结合（122 个）、DNA 结合（106 个）和 DNA 结合转录因子（100 个）活性占比最多。GO 分类的结果显示，生物过程和转录调控、DNA 模板、细胞核、分子功能和蛋白质结合差异表达基因数量最多。推测外源 KT 处理可能影响了蛋白质在核糖体中的翻译。

将差异表达基因进行 KEGG 代谢通路分析。分析发现共有 414 个基因（350 个上调，64 个下调）富集到 108 个信号通路中，其中 12 个信号通路显著富集。倍半萜和三萜生物合成（14 个基因）、亚油酸代谢（9 个基因）、类黄酮生物合成（21 个基因）、苯丙烷生物合成（34 个基因）与淀粉和蔗糖代谢（35 个基因）等次生代谢信号通路显著富集。由 KEGG 富集分析表明，倍半萜和三萜生物合成、亚油酸代谢及类黄酮生物合成等次生代谢途径均显著富集，外源 KT 处理影响了大麻植物体内的次生代谢途径，使 CBD 与 THC 含量提高。在倍半萜和三萜生物合成途径中发现了 14 个差异表达基因。萜烯合酶对大麻植物中萜类化合物的形成有一定促进作用。另外，在植物细胞中，所有萜类化合物都是由萜烯合酶生物合成的，萜烯合酶位于细胞质中以通过甲羟戊酸依赖性途径产生倍半萜，或存在于叶绿体中通过 2-C-甲基-D-赤藓糖醇产生单萜和二萜。Booth 等（2017）通过研究花期 3～8 周的大麻雌花的萜烯谱，发现雌花序腺毛密度最高，萜烯合酶基因家族涉及大麻花序几乎所有不同萜类的生物合成。萜烯合酶通常在植物基因家族中编码具有多样性，既促进一般代谢又促进专门代谢通路，许多萜烯合酶会在同一基材上形成多种产品。吴姗等（2021）研究中富集到萜烯合酶的 4 个基因均上调，推测外源 KT 的处理促进了萜烯合酶的表达，从而促进了与大麻素合成相关的酶，进而促进 CBD 与 THC 含量。此外，Ko14173 有 1 个显著下调基因（E，E）-α-法尼烯合酶。A-法尼烯合酶是甲羟戊酸途径中合成 α-法尼烯最后的限制酶，影响 α-法尼烯的合成。α-法尼烯的前体是法尼基焦磷酸（FPP），FPP 与大麻素的合成前体 GPP 均由异戊西基焦磷酸（IPP）合成而来。推测（E，E）-α-法尼烯合酶基因的下调抑制了 α-法尼烯的合成，使细胞中积累更多游离的 IPP，促进了 GPP 的合成，从而促进大麻素的合成。Ko15803 有 5 个上调基因，其中 4 个是注释萜烯合酶的基因，另 1 个是 α-腐植烯合酶和倍半萜合酶 STS1。萜烯合酶涉及大麻花序几乎所有萜类的生物合成，可促进萜类代谢物的合成，所以萜烯合酶的富集对大麻植物中萜类化合物的合成有一定的促进作用。Ko15813 途径富集到 8 个基因，3 个上调，5 个下调，其中 3 个上调基因有两个是 β-淀粉酶合成酶；有 3 个羽扇豆醇合成酶同工型 X2 被富集到此通路，但有 2 个下调，1 个上调，可能外源激素的处理改变了它的表达。该实验研究了外源激素 KT 对工业大麻次生代谢物主要包括大麻素 CBD 与 THC 含量影响，并分析了差异基因的 GO 富集与 KEGG 富集分析，有助于了解工业大麻响应外源 KT 的分子机制，并为农业生产提供了新的思路。

3.3 工业大麻酚类物质合成关键酶的分子研究

3.3.1 CBDAS 基因家族成员的全基因组鉴定及表达分析

CBD 在工业大麻植株体内的前体物质为大麻二酚酸（CBDA），在大麻植株的生物合成路径已较为清楚，它主要包括甲基赤藓糖醇-4-磷酸、脂肪酸和大麻素 3 个代谢途径。MEP 代谢途径的 IPP 异构酶以及香叶基二磷酸（GPP）合成酶催化顺式异戊烯己基二磷酸（IPP）形成；脂肪酸代谢途径的橄榄酸环化酶和橄榄醇合成酶能将丙二酰辅酶 A 经过一系列的酶促反应形成 2,4-二羟基-6-戊基苯甲酸。在大麻素途径中，在大麻醇酸合成酶的作用下，底物 2,4-二羟基-6-戊基苯甲酸和香叶基二磷酸进一步合成了大麻醇酸（CBGA）。最后，在大麻二酸合成酶催化下 CBGA 合成大麻二酚酸（CBDA）。CBDA 进一步在光、热等物理作用下发生脱羧基反应生成 CBD。

大麻二酚酸合成酶（CBDAS）是大麻植株体内合成大麻二酚酸的限速酶，它主要由大麻二酚酸合成酶基因 *CsCBDAS* 编码，*CBDAS* 基因是第一个在生物界中报道的大麻二酚酸合成酶基因，它从墨西哥纤用大麻中分离，酶活实验证明它具有利用 CBGA 催化合成 CBDA 的功能，该基因除在大麻 CBD 合成具有一定功能报道外，其他生物学功能未见相关研究报道。FAD 结构域和 BBE 结构域为 CBDAS 蛋白的典型结构域，FAD 结构域为氧化还原反应所必需，BBE 结构域与酶的催化活性有关。

潘根等（2021）为了探究大麻二酚酸合成酶基因（*CBDAS*）家族在大麻中的功能，利用生物信息学方法对大麻二酚酸合成酶基因（*CBDAS*）进行了全基因组鉴定。该研究首先从 NCBI 网站库（https：//www. ncbi. nlm. nih. gov/）下载大麻的全基因组、蛋白组及注释文件（GCA_ 900626175. 2）。利用 TBtools 软件，分别以已报道的 *CBDAS* 基因 FAD domain 和 BBE domain 的氨基酸序列为输入序列进行本地 Blast 序列比对（E-vaule$<1E^5$），筛选出大麻中包含 FADdomain 和 BBE domain 的 *CBDAS* 候选基因。将初筛获得的候选基因序列输入在线数据库 SMART（http：//smart. embl-heidelberg. de/）分析其结构域特征，同时具有 FAD domain 和 BBE domain 结构域的序列即为 CBDAS 家族基因，其中从工业大麻基因组中共鉴定出 5 个成员，依次命名 *CsCBDAS1*~*CsCBDAS5*。利用 ExPASy（http：//web. expasy. org/protparam/）在线预测大麻 CBDAS 蛋白的理化性质。*CBDAS* 基因编码区序列 1 626~1 638bp，其氨基酸介于 541~545 个氨基酸，蛋白相对分子质量大小为 61. 496 66~62. 414 59ku，等电点介于 6. 90~9. 90；脂肪指数介于 82. 61~90. 02，其中 *CsCBDAS3* 的脂肪指数最低，*CsCBDAS4* 的脂肪指数最高。

使用 TBtools 绘制 CBDAS 家族基因所对应的染色体物理位置图。*CBDAS* 基因仅在第 2 和第 7 染色体分布，分别含有 1 个、4 个基因成员，*CsCBDAS5*

位于第 2 号染色体，其余 4 个 CBDAS 基因家族成员位于第 7 染色体。系统发育表明，5 个 CsCBDAS 基因分为 3 个亚家族。工业大麻 CBDAS 基因家族不含内含子，仅含有 1 个外显子。利用 MEME 在线预测 *CsCBDAS* 家族 motif，大麻 CBDAS 家族成员都含有 7 种保守基序，即 motif 1~4、motif 6、motif 9 和 motif 10，表明这些 motif 基序在进化过程中具有较高的保守性。

生物界共报道 CBDAS 基因家族成员 299 个，植物、动物、真菌都存在 CBDAS 基因家族成员。植物包含了 289 个 CBDAS 基因家族成员，且以双子叶植物分布居多。进一步挑选了工业大麻、水稻、二倍体棉花、海蜗牛（动物界）和尖端赛多孢菌（微生物界）5 个物种进行了系统进化树的构建。CBDAS 基因包含了 Group Ⅰ、Group Ⅱ 和 Group Ⅲ。其中大麻 CBDAS 基因家族成员主要属于 Group Ⅰ，与二倍体棉花亲缘关系较近；Group Ⅱ 只包含单子叶植物水稻 1 个成员；Group Ⅲ 包含海蜗牛（动物界）和尖端赛多孢菌（真菌界）的 CBDAS 基因成员各 1 个。除 *CsCBDAS4* 外，大麻 CBDAS 基因家族 4 个成员都聚类在一个分支上。利用在线软件 PlantCare 分析 CBDAS 成员启动子区域顺式作用元件，5 个 CBDAS 基因启动子包含光响应、伤诱导响应、激素响应元件、MYB 和 MYC 位点结合 4 类顺式作用元件。其中光响应元件、MYB 和 MYC 结合元件尤为丰富。为了研究大麻 *CBDAS* 基因的进化机制，构建了大麻与大豆、水稻的 *CBDAS* 家族共线性关系图，其中只有 *CsCBDAS2* 在双子叶大豆鉴定出直系同源基因，而在单子叶水稻中未鉴定出。暗示着除 *CsCBDAS2* 外，大麻 CBDAS 基因家族其他成员可能是大麻与其他单、双子叶功能差异的相关基因。

为了探讨大麻 *CsCBDAS* 基因在大麻不同组织中的表达特性，利用 qRT-PCR 对雌蕊盛开时期植株的不同组织（雌蕊、根、茎和叶）进行表达量分析，其中 *CsCBDAS1* 和 *CsCBDAS2* 在雌蕊中表达量最高，*CsCBDAS4* 和 *CsCBDAS5* 在根中表达量最高，而 *CsCBDAS3* 在大麻叶中表达量最高，这些结果显示着这些基因可能在不同组织中发挥着不同功能。

前人研究结果表明，不同光照处理直接影响大麻植株 CBD 含量。此外，*CsCBDAS* 基因启动子富含光响应元件，其表达水平可能受到光照影响。为了验证这一猜想，进一步对光照和黑暗处理下 *CsCBDAS* 表达量进行了分析。结果显示 *CsCBDAS2* 和 *CsCBDAS5* 在光照处理下其表达量显著高于黑暗处理，尤其 *CsCBDAS5*，在光照处理下其表达约为黑暗处理的 5 倍；*CsCBDAS1* 在光照条件下的表达量显著降低，*CsCBDAS3* 和 *CsCBDAS4* 在光照处理和黑暗处理间表达量无显著变化。CBD 为大麻特有的次生代谢产物，为了探究其合成相关基因在大麻应对镉（cd）胁迫反应中的功能，对其在镉胁迫下的基因表达量进行了分析。在镉处理中，*CsCBDAS1* 和 *CsCBDAS2* 在 Cd 处理下其表达量显著低于对照处理，*CsCBDAS4* 和 *CsCBDAS5* 受到镉处理的诱导表达，而 *CsCBDAS3* 表达量无显著变化。

为了进一步研究大麻 CBDAS 家族基因在大麻 CBD 合成中的功能，对不同 CBD 含量材料的叶和雌蕊中的表达量进行了分析。结果显示工业大麻品种 C8 在雌蕊和叶片中其 CBD 的含量显著高于庆大麻 1 号。C8 品种雌蕊和叶片中 *CsCBDAS1* 表达量显著高于庆大麻 1 号品种，*CsCBDAS3* 在庆大麻 1 号品系雌蕊组织中表达量高于 C8 品种，其在两品种叶片组织中的表达量无显著差异，而 *CsCBDAS2*、*CsCBDAS4* 和 *CsCBDAS5* 基因在 C8 和庆大麻 1 号两品种雌蕊和叶片中表达量无显著差异。研究报道表明，大麻 *CsCBDAS1* 基因在雌蕊表达量最高，且其表达量在高 CBD 含量品种中显著高于毒品大麻品种。与前人研究结果类似，此研究表明，大麻 *CsCBDAS1* 基因在雌蕊中表达量最高，且其表达量在高 CBD 含量品系叶和雌蕊中高于低 CBD 含量品种。在未来大麻高 CBD 含量品种选育中，可以借助转基因手段通过提高 *CsCBDAS1* 基因的表达量来提高大麻品种中 CBD 的含量。潘根等（2021）利用生物信息学分析和时空表达分析筛选出的这些差异基因可为大麻 CBDAS 基因家族成员生物学功能研究奠定基础，但后续研究中仍需要进一步通过转基因技术对这些候选基因进行生物学功能验证。

常丽等（2017）以工业大麻品种 Carmen 的大麻二酚酸合成酶基因（*CBDA1*）（LOCUS KJ469374）进行研究，对其完整的 CDS 序列编码的氨基酸序列、蛋白质理化性及功能结构域进行预测与分析。利用 ExPASy 软件中的 Protparam程序对 CBDAS 蛋白的氨基酸序列长度、分子量大小及等电点等进行分析，结果显示，CBDAS 由 544 个氨基酸组成，分子式为 $C_{2834}H_{4343}N_{743}O_{792}S_{21}$，分子量为 62 168.42，理论等电点为 8.81。CBDAS 包含 20 种常见氨基酸，其中疏水性氨基酸占 48.8%，亲水性氨基酸占 51.2%，碱性氨基酸占 13.6%，酸性氨基酸占 9.4%，且含有 21 个含硫氨基酸，说明该蛋白中存在二硫键。由于 CBDAS 序列的 N 末端是 Met，该蛋白估计半衰期为 30h（哺乳动物网织红细胞，体外）、>20h（酵母，体内）、>10h（大肠杆菌，体内）。CBDAS 的不稳定指数Ⅱ为 30.57，属于稳定蛋白。脂肪族氨基酸指数为 88.31。因此，分析蛋白质的亲/疏水性具有十分重要的意义。通过 ProtScale 在线工具对 CB-

DAS 进行亲/疏水性分析，结果显示在第 15 位氨基酸出现最高值 2.566，即疏水性最强，在第 453 位氨基酸出现最低值-3.556，即亲水性最强。整体看 CBDAS 的疏水性和亲水性氨基酸分布均衡，但预测结果显示 CBDAS 的亲水性指数平均值（GRAVY，表示蛋白质的溶解度）为-0.202，所以 CBDAS 更偏向是一个亲水蛋白。疏水作用能驱动蛋白质的肽链压缩成球状结构，对于维持蛋白质的空间构象十分重要。氨基酸发生变化可导致蛋白质亲/疏水性的改变，而亲/疏水性的变化直接影响蛋白质的结构以及功能。此外，通过了解肽链中不同肽段的疏水性，可以对跨膜蛋白的跨膜结构域进行预测，为蛋白二级结构的预测及功能结构域的分选提供重要的参考依据。而在前 29 个氨基酸位置出现一个较强的疏水区域（Score>1.5），且疏水区域较宽，在这个位置有可能出现一个跨膜结构。

跨膜结构是蛋白质通过与膜内在蛋白的静电相互作用和氢键键合作用与膜结合的一段氨基酸片段，一般由 20 个左右的疏水氨基酸残基组成，主要形成 α-螺旋。跨膜结构域是膜中蛋白与膜脂相结合的主要部位，固着于细胞膜上起“锚定”作用。跨膜结构域的预测和分析对了解蛋白质的结构、功能以及在细胞中的作用部位具有重要意义。在目前的基因组数据中，有 20%~30% 的基因产物被预测为膜蛋白，它们在生物体中担负着多种功能。因此，有效、准确地预测跨膜区和跨膜的方向对指导跨膜蛋白的结构和功能的研究具有重要意义。利用跨膜预测服务器 TMHMM Server v. 2.0 对 CBDAS 进行分析表明，该蛋白存在一个潜在的跨膜区（第 1~28 位氨基酸），其中第 1~4 位氨基酸位于膜内，第 5~27 位氨基酸为跨膜的螺旋结构，第 28 位以后的肽链主要在细胞膜外发挥其生物学功能。由于该跨膜结构位于蛋白质的 N 端，推测其极可能为一个信号肽结构。蛋白质序列的其他位置不存在跨膜结构，因此，该蛋白属于跨膜蛋白。

通过 Signal IP 4.1 工具进行分析，结果表明，CBDAS 的 N 末端包含 1 个由 28 个氨基酸残基组成的信号肽，信号肽是蛋白质的一个片段，一般由 5~30 个氨基酸残基组成，并大致分为 3 个区段，N 端为带正电荷的氨基酸；中间为由 20 个或更多地以中性氨基酸为主组成的疏水核心区，能够形成一段 α-螺旋；C 端含有小分子氨基酸，是被信号肽酶裂解的部位，也称加工区。信号肽在蛋白分泌的过程中起重要作用，主要负责引导新合成蛋白质的跨膜、转移和定位，把蛋白质引导到细胞不同的亚细胞器内发挥其生物学功能。CBDAS 信号肽切割位点在第 28 个和第 29 个氨基酸残基之间，其平均值 S 为 0.801，当平

均值 $S>0.500$ 时，可判断该蛋白为分泌蛋白，说明 CBDAS 是一种分泌蛋白。利用 ProtComp v. 9.0 对 CBDAS 进行亚细胞定位分析，结果显示，该蛋白质位置的积分预测为细胞外（分泌），得分 9.4，说明该蛋白主要在细胞外发挥其生物学功能。细胞中蛋白质合成后经蛋白质分选信号引导被转运到特定的细胞器中，部分蛋白质则被分泌到细胞外或留在细胞质中，只有转运到正确的部位才能参与细胞的各种生命活动。

继续对 CBDAS 的蛋白进行分析，利用 PROSITE 对 CBDA1 编码蛋白进行 motif 预测，结果表明，CBDAS 含有 1 个 FAD-PCMH 结合域，位于第 77~251 位氨基酸。PROSITE 数据库收集了生物学有显著意义的蛋白质位点和序列模式，并能根据这些位点和模式快速、可靠地鉴别一个未知功能的蛋白质序列应该属于哪一个蛋白质家族。CMH 型 FAD 结合结构域是由 2 个 α-β 亚结构域组成：1 个由 α-螺旋包围的 3 个平行的 β 链（B1~B3）组成，并被包含在含有 5 个反平行 β 链的第 2 子结构域（B4~B8）。2 个子域可以适应它们之间的 FAD 辅因子。在 PCMH 蛋白中，辅酶 FAD 也共价连接到位于 C 末端催化结构域 FAD 结合结构域之外的酪氨酸。除 CBDAS 外，目前发现大麻的四氢大麻酚酸合成酶（THCAS）、细菌 UDP-N-乙炔烯醇丙酮酰葡萄糖还原酶（UDP-N-acetylenolpyruvoylglucosamine reductase，EC 1.1.1.158）、脊椎动物烷基二羟基丙二酸合酶（alkyldihydroxyacetonephosphate synthase，EC 2.5.1.26）、真核乳酸脱氢酶 D（D lactate dehydrogenase，EC 1.1.2.4）和细菌一氧化碳脱氢酶（Carbon monoxide dehydrogenase，EC 1.2.99.2）的结构中也含有 PCMH 型 FAD 结合结构域。推测 CBDAS 同 THCAS 一样属于氧化还原酶家族，FDA 是 CBDAS 酶活性的必需辅因子。

利用 NetPhos 2.0 Server 和 NetNGlyc 1.0 Server 对 CBDAS 进行预测，结果表明该蛋白存在 23 个磷酸化位点、6 个 N-糖基化位点，真核生物中的多肽及蛋白质分子经核糖体合成后大多需翻译后修饰，才能确保蛋白质发挥其正常的生物学功能。常见的蛋白质翻译后修饰有磷酸化和糖基化两种。磷酸化是由蛋白质激酶催化将 ATP 或 GTPγ 位的磷酸基转移到底物蛋白质氨基酸残基（Ser、Thr、Tyr）上，是生物体内一种普通的调节方式，蛋白质磷酸化修饰的作用主要体现在 3 个方面，一是通过磷酸化修饰改变了受体蛋白质的活性，蛋白质磷酸化或去磷酸化修饰起到开启或关闭蛋白质活性的作用；二是磷酸化蛋白质参与植物体内信号的传导；三是影响蛋白质间的互作，由于在氨基酸残基上结合或失去了磷酸基团，从而改变了受体蛋白质的结构，影响了该受体蛋白质与其他蛋白质间的互作。细胞中蛋白质磷酸化水平是一个动态的变化过程，其细微差异都可能导致细胞代谢水平上的变化。因此，蛋白质磷酸化对植物生长发育的影响是全方位的。糖基化通常修饰天冬酰胺的 N 端，其氨基酸特征序列为 Asn-X-Ser-Thr（X 是除 Pro 外的任一种类氨基酸）。N-糖基化与植物蛋白质正确折叠、细胞凋亡、器官发育及信号转导等生物学功能密切相关。通常胞外分泌蛋白、膜整合蛋白及构成内膜系统的可溶性驻留蛋白大多需要经过 N-糖基化修饰。

目前，最好的单序列预测程序能够达 70%左右，比如基于 Informationtheory 的 GOR 准确度达 69.7%，利用 GORIV 对 CBDAS 的二级结构进行预测，结果表明，CBDAS 蛋白由 α-螺旋、β-折叠和无规卷曲组成，分别占整个肽链的 21.88%、26.29%和 51.84%。利用 SWISS-MODEL 蛋白质三维结构建模工具构建 CBDAS 的三维结构模型，建模过程中共有 168 条模板和目标序列相匹配，通过启发式分析过滤得到 29 个模板，主要有 Tetrahydrocannabinolic acid synthase（四氢大麻酚酸合成酶）、Pollen allergen Phl p（花粉过敏原 Phl p）、Berberine bridge-forming enzyme（小檗碱桥形成酶）、Reticuline oxidase（纤维素氧化酶）、Alkyldihydroxyacetone phosphate synthase，Peroxisomal（烷基二羟基乙酸磷酸酯合成酶，过氧化物酶）。CBDAS 的三级结构也是参考这 29 个模板模拟构建的，其中与 THCAS 的同源性最高，为 83.95%。利用生物信息学对目的基因进行功能预测是当前国际上研究的热点之一，也是发现和研究新基因的一个重要手段，常丽等通过生物信息学方法研究 CBDAS 的结果对正确认识和理解蛋白质结构、定位、功能等均有重要的指导意义。

程超华等（2023）构建了大麻 CBD 合成关键基因 CBDAS 基因的过表达载体，进行了大麻遗传转化体系的建立和优化，研究了外植体预培养、农杆菌浓度和侵染时间等参数对转化效率的影响。优化的遗传转化方案使用预培养 1d 子叶作为外植体，用 OD600 值为 0.6 的农杆菌侵染 20min，在含有 100mmol/L 乙酰丁香酮、250mg/L 头孢噻肟、250mg/L 羧苄青霉素、0.2mg/L TDZ 的 MS 培养基中共培养 3d。然后将芽转移到与选择培养相同的培养基中，同时添加 35mg/L 潮霉素进行抗性选择。选择培养后存活的芽转移到含有 0.1mg/L 吲哚丁酸（IBA）的 1/2 MS 培养基中进行生根。GUS 组织化学分析和 PCR 检测证实了阳性转化。本研究虽然获得了 GUS 组织表达的再生植株，也进行了 PCR 验证，但这些阳性植株多为嵌合体，外源基因的嵌入和表达仅存在于部分组织，且随着世代繁衍，外源基因的表达趋于消失。因此，大麻遗传转化体系还亟待改善和优化。

3.3.2 THCA 基因的克隆及生物信息学分析

THC 是工业大麻中含有的一种致幻成瘾活性成分，易被不法分子用来非法生产毒品，造成社会危害，许多国家把工业大麻也一并列为禁种作物。受生长环境和栽培条件的影响，大麻 THC 含量在个体之间存在差异。在不同的种植模式、播种时期、肥料、光照因素的影响下，不同大麻材料的 THC 含量会有所不同。早在 1995 年就发现了 THC 生物合成关键酶四氢大麻酸（THCA）合成酶，为单体脱氢酶，可催化由戊基间苯二酚酸到四氢大麻酸 A 的氧化环化反应，姜颖等（2017）对大麻 THCA 合成酶基因进行了基因克隆及生物信息学分析，为研究该基因的功能提供理论依据。

该研究首先利用试剂盒提取基因组 DNA，后反转录为 cDNA，并使用特定的引物扩增出 THCA 片段，经过 PCR 扩增和测序获得了 *CsTHCA* 的 cDNA 序列，对其进行生物信息学分析。DNA-MAN 软件分析显示该基因开放阅读框全长 1 638bp，起始密码子为 ATG，终止密码子为 TAA，Editseq 软件分析发现其碱基组成为 A 32.60%、G 19.72%、T 30.46%、C 17.22%，共编码 545 个氨基酸序列。ProtParam 软件分析发现，*CsTHCA* 编码 545 个氨基酸，分子式为 C5090H8544N1638O2138S282，分子量为 13.59kD，理论等电点 pI 为 5.02，不稳定系数为 39.44，脂肪系数为 32.60，总平均亲水性值为 0.725。用 SMART 和 TMHMM 软件进行蛋白质的结构功能域分析表明，在一个含有 545 个氨基酸的蛋白质序列中，在 5~27 位之间是跨膜区域；在 180~191 位之间为 SEG 结构域，检测是含有低复杂性成分序列的区域，该研究可为后续分子机制的研究提供理论依据。

为了进一步研究 THCA 在不同组织的表达特性，姜颖等（2017）利用半定量 RT-PCR 和荧光定量 PCR 进行 THCA 合成酶基因的表达分析。该研究首先使用 TRizol 总 RNA 提取试剂盒提取的大麻不同组织的总 RNA，而后通过半定量 RT-PCR 分析 *CsTHCA* 在大麻籽粒、叶片、根、雌花、雄花中的特异性表达，电泳后观察发现在第 36 个循环之后，mRNA 水平较为稳定。结果表明，*CsTHCA*在大麻不同品种的不同器官均有表达，但表达量表现不同，在籽粒中表达量最低。在不同的工业大麻品种中，火麻一号的不同组织 *CsTHCA* mRNA 表达量为雄花>叶片>根>雌花>籽粒；五常 40 的不同组织 *CsTHCA* mRNA 表达量为雌花>根>叶片>雄花>籽粒；金刀 15 的不同组织 *CsTHCA* mRNA 表达量为叶片>根>雌花>雄花>籽粒。以筛选后的内参基因作为衡量标准，通过荧光定量 PCR 对火麻一号和五常 40 的茎、叶片、根、雌花、雄花的表达进行分析，能够在一定程度上反映 *CsTHCA* 基因在不同器官中的表达差异。在选择的两个品种不同组织中 *CsTHCA* 均有表达，但表达量不同，在火麻一号的雄花中表达量最高，而在五常 40 的雌花中表达量最高。*CsTHCA* 在两个品种的茎中表达量最低，但在根中的表达量相对较高。另外，利用薄层色谱法分析不同组织、不同材料间 THC 积累情况，结果发现，THC 在叶片、雌花、雄花、根中含量较高，在籽粒和茎中含量较低。由此证实，THC 含量在大麻开花授粉期的雄花、雌花和植株叶片中含量较高，且 THC 含量与*CsTHCA* mRNA 表达量之间可能呈正相关。

3.3.3 THCA 合成酶基因 RNA 干扰载体的构建及遗传转化

1995 年，人们就已经发现了 THC 生物合成途径中的关键酶是四氢大麻酸（THCA）合成酶，该酶是一个分子量为 74kD 的单体脱氢酶，它催化由戊基间苯二酚酸到四氢大麻酸 A 的氧化环化反应，并于 2004 年成功克隆了该酶的基因。采用基因敲除突变的方法使 THC 生物合成途径中的一个关键酶失活，可为培育出不含 THC 的大麻新品系奠定基础，现广泛应用的基因敲除技术为 RNA 干扰（RNAi，RNA interference），其指内源或外源双链 RNA（dsRNA，double-stranded RNA）介导的内源靶基因的 mRNA 发生特异性降解，进而抑制基因的表达，使基因沉默的现象，产生相应的功能表型缺失。目前已报道了苎麻、红麻等麻类作物中的某些基因 RNAi 载体的构建及验证，为了培育出不含 THC 的大麻新品系，姜颖等（2019）对构建四氢大麻酚合成酶基因 RNA 干扰载体进行了深入研究，并进行大麻茎尖遗传转化分析，对该基因在调控 THC 表达方面的功能进行探讨。

待长到开花期，田间获取叶片、雄花、雌花混合样为材料，提取大麻混合样的总 RNA，利用第一链 cDNA Synthesis Kit（ProbeGene 公司）反转录合成 cDNA 的第一链，以第一链 cDNA 为模板，用引物 CsTHCA-1F/ CsTHCA-1638R 进行 PCR 扩增，回收目标基因片段并测序。后在 *CsTHCA* 开放阅读框序列的功能序列中选取一小段序列（504bp），设计带有不同酶切位点的 2 对引物。以测序正确的 *CsTHCA* 开放阅读框 cDNA 为模板，PCR 扩增该目的片段并回收 PCR 产物，并分别用 Sal Ⅰ/Hind Ⅲ，Sac Ⅰ/BamH Ⅰ酶切处理，回收酶切产物，正向片段与 Sal Ⅰ/Hind Ⅲ双酶切 pSKint 载体连接，鉴定得到 pS

KTHCAihp Ⅰ。pS KTHCAihp Ⅰ经 Sac Ⅰ/ BamH Ⅰ双酶切与经 Sac Ⅰ/Bam H Ⅰ双酶切的 *CsTHCA* 反向片段进行连接，酶切验证正确后构建成中间载体 pSKihpTHCA。中间载体 pSKihpTHCA 质粒 DNA 经 Sal Ⅰ/Sac Ⅰ 酶切处理后，回收目的片段，并连接到经相同酶切处理的植物转化载体 pSuperCAMBIA1300（+）上，酶切鉴定，最终构建成植物表达载体 pSuperCAMBIA1300（+）ihpTHCA。

将构建好的 pSuperCAMBIA1300（+）ihpTHCA 质粒，进行农杆菌 LBA4404 感受态细胞转化，28℃培养 48~72h，挑取单菌落进行摇菌，提取质粒后，利用引物 THCAihp Ⅰ SalF 与 THCAihp Ⅰ HinR 或 THCAihp Ⅱ SacF 与 THCAihp Ⅱ BamR 进行 PCR 扩增验证，通过农杆菌介导的方法，获得的 T0 转基因种子经 Hyg. B 在 MS 培养基上筛选，对经 Hyg. B 筛选表现抗性的转基因大麻 T1 植株，提取其叶片基因组总 DNA，通过特异性引物检测 Hyg. B 抗性基因 Hpt 的表达，扩增 Hpt 基因片段长度为 336bp，同时以未转化大麻植株作为对照。随机选取 12 株 T1 转基因植株进行检测，结果表明，2~13 泳带检测的转基因植株中第 2、3、4、5、7、8、10、11、12 和 13 泳带均能检测出预期大小片段，而未转化植株中不能扩增出目的片段。结果初步表明，获得了阳性的 *CsTHCA* RNA 干扰转基因植株。在 Hpt 检测为阳性的株系中，随机选取部分株系通过半定量 RT-PCR 检测目的基因 *CsTHCA* 的 mRNA 水平，其中株系 i-3、i-5、i-7、i-12 和 i-13 中 *CsTHCA* 的 mRNA 水平较未转化植株有明显降低，而在株系 i-2、i-4、i-8、i-10 和 i-11 中 *CsTHCA* 的 mRNA 水平未表达，在这些株系中，该基因的表达被有效的干扰。利用薄层色谱法分析 Hpt 检测为阳性的株系中 THC 积累情况，标准样浓度为 0.03%（通过色谱仪测定其具体数值，选择 0.03%的样品作为标准样），ck 为未转化植株中 THC 积累情况。定性分析发现，转基因植株 THC 积累情况均比未转化植株中的低，针对上述薄层色谱法分析的 10 个样进行液相色谱检测定量分析 THC 含量，结果显示，转基因植株 THC 含量均比未转化植株含量低，且 i-2、i-4、i-8、i-10 和 i-11基本不含有四氢大麻酚类物质，证实 THCA 合成酶基因 RNA 干扰载体的构建及遗传转化基本成功。可见，RNA 干扰可有效抑制 *CsTHCA* 的表达，进而降低植株中 THC 含量，这表明 *CsTHCA* 可能通过某种机理正调控 THC 的含量，其研究机理还需进一步深入研究。

3.3.4 影响酚类物质形成的其他基因

除主要的调控基因或关键酶基因，一些参与生长发育、形态建成的基因也能够影响酚类物质的产生与积累，其中腺毛发育相关的基因与大麻素的相关性较大。腺毛是植物外部防御的重要屏障之一，可分为分泌型和非分泌型，分泌型腺毛是工业大麻花叶中产生和存储大麻素的主要器官，分泌型腺毛根据形态特征可进一步分为头状有柄腺毛、头状无柄腺毛、球状腺毛，其中有柄腺毛能够产生的大麻素种类较多，且分泌能力最强。目前工业大麻中腺毛发育的调控尚未阐明清楚，在其他植物中已有研究证实 R2R3-MYB 和 HD-ZIP Ⅳ（Plant-specific homeodomain zipper family Ⅳ）转录因子家族参与到无柄腺毛发育为有柄腺毛的进程。在 Haiden 等（2022）的研究中，发现属于 R2R3-MYB 转录因子家族的 *CsMIXTA*，高表达的 *CsMIXTA* 能够增大腺毛的体型和密度并促进分支的产生，进而提升大麻素的产量。在 Ma 等（2022）对工业大麻 HD-ZIP Ⅳ 转录因子的全基因组鉴定和表达分析中，鉴定到 9 个 HD-ZIP Ⅳ转录因子，与拟南芥、水稻的 HD-ZIP Ⅳ 基因家族有共同的祖先，该基因家族中有 4 个主要在花中表达，可能参与到腺毛形态发育与次生代谢产物的调控。

花的发育情况也是影响大麻素产生与积累的主要因素，其他植物中调控花发育的基因在工业大麻中被认为具有相似的作用。如怀浩（2022）等的研究中，通过全基因组表达分析共鉴定出 51 个 bZIP 基因家族成员，在花、苞片、茎和种子中均有表达，尤其在花和苞片中呈高表达；已证实水稻中 *bZIP56*、*bZIP64* 和 *bZIP79* 参与酚类和萜类化合物的合成，*CsbZIP25*、*CsbZIP32* 的结构与之十分相似，亲缘关系较近，推断其可能参与大麻素的合成。大麻素的产生与积累涉及的内源、外源影响因素较多，有待进一步归纳分析。

4 工业大麻组织培养技术研究进展

4.1 植物组织培养概述

植物组织培养（Plant tissue culture）是指在无菌和人工控制的环境条件下，利用人工培养基，对植物胚胎（如成熟胚、幼胚等）、器官或器官原基（如根、茎、叶、花、果实、种子、叶原基、花器原基等）、组织（如分生组织、形成层、木质部、韧皮部、表皮、皮层、薄壁组织、髓部、花药组织等）、细胞（如体细胞、生殖细胞等）、原生质体等进行精细操作与培养，使其按照人们意愿增殖、生长或再生发育成完整植株的一门生物技术学科。

4.2 植物组织培养基本操作

4.2.1 培养基成分及特点

培养基分固体培养基和液体培养基，固体培养基包括水分、无机营养成分、有机营养成分、植物生长调节物质、天然物质、凝固剂等，液体培养基与固体培养基相同，但不添加凝固剂。几种常用培养基特点如下。

MS 培养基：1962 年由 Murashige 和 Skoog 为烟草组织培养设计。特点是无机盐浓度较高，尤其是硝酸盐含量较其他培养基高。广泛用于植物器官、花药、细胞和原生质体培养，效果良好，有加速愈伤组织和培养物生长作用，当培养物长久不转接时仍可维持其生存。但对生长缓慢、无机盐浓度要求低的植物材料生长不利，易发生铵盐毒害。使用时，可将 MS 大量元素减少到原来 1/2、1/3 甚至 1/4，以降低无机盐含量。

White 培养基：1943 年由 White 为培养番茄根尖而设计。1963 年又作改良，称作 White 改良培养基，提高了 $MgSO_4$ 的浓度和增加了硼素。其特点是无机盐数量较低，适于生根培养、胚胎培养或一般组织培养。

N6 培养基：1974 年朱至清等为水稻等禾谷类作物花药培养而设计。其特点是成分较简单，KNO_3 和 $(NH_4)_2SO_4$ 含量高。在国内已广泛应用于小麦、水稻及其他植物花药、细胞和原生质体培养。

B5 培养基：1968 年由 Gamborg 等为培养大豆根细胞而设计。其主要特点是含有较低量铵，这可能对不少培养物生长有抑制作用。实践证明，部分植物在 B5 培养基上生长更适宜，如双子叶植物特别是木本植物。

SH 培养基：1972 年由 Schenk 和 Hildebrandt 设计。它的主要特点与 B5 相似，不用 $(NH_4)_2SO_4$，而改用 $NH_4H_2PO_4$，是无机盐浓度较高的培养基。不少单子叶和双子叶植物使用，效果较好。

Nitsch 培养基：1969 年由 Nitsch J P 和 Nitsch C 设计，属于无机盐含量适中的培养基，主要用于花药培养。

WPM 培养基：1981 年由 Lloyd 和 McCown 为山月桂茎尖培养专业设计，根据 MS 培养基改良而来，相对 MS 培养基而言，使用了硫酸钾替换了硝酸钾，硝酸铵的含量也降低到了 MS 培养基的 1/4，氮盐也主要以硝酸钙的形式供应。

DKW 培养基：1984 年由 Driver 和 Kuniyuki 开发的一种中等浓度培养基，适用于多种木本植物组织培养。DKW 培养基的主要成分包括硝酸铵、硝酸钾、硫酸镁、磷酸二氢钾等。

4.2.2 外植体选择与消毒

4.2.2.1 外植体种类与选择

虽然理论上植物器官、组织和细胞都具有发育成为完整植株的潜力，即植物细胞具有全能性，但不同植物种类、同一植物不同器官甚至同一器官不同生理状态对外界诱导反应能力和其本身再分化能力均不同。因此，根据培养目的不同，选取外植体应有针对性。外植体可分为以下几类。

带芽外植体：如茎尖、侧芽、原球茎、鳞芽等，一种是诱导茎轴伸长，一种是抑制主轴发育，促进腋芽最大限度生长。此类外植体产生植株成功率高，且少变异，较易保持材料优良特性。

胚：胚培养是对在自然状态和在试管中受精形成的各个时期胚进行离体培养，分成熟胚和幼胚培养，其生长旺盛，易于成活，是重要组培材料。

分化的器官和组织：如茎段、叶、根、花茎、花瓣、花萼、胚珠和果实等，由已分化的细胞组成。这类外植体有些需经过愈伤组织再分化出芽或胚状体而形成植株，因此后代可能有变异；有些不经愈伤组织直接形成不定芽或体细胞胚。

花粉及雄配子体中的单倍体细胞：此类细胞只有体细胞一半染色体，可作为外植体进行组织培养。小孢子培养在植物细胞组织培养中应用普遍，且效果良好。

外植体在选择时要注意以下原则：一是选择优良的种质及母株；二是选择来源丰富且遗传稳定的材料；三是选择再生能力强的材料；四是选择适宜大小的材料，通常情况下，快速繁殖时叶片、花瓣等面积为 $5mm^2$，其他培养材料的大小为 0.5~1.0cm；五是选取容易灭菌的材料。

4.2.2.2 外植体消毒

外植体消毒是植物细胞组织培养重要工作之一，外植体本身消毒彻底，会有效减少污染。外植体种类、取材季节、部位和预处理方法及消毒方法都会关系到外植体带菌情况，应依照材料种类选择不同消毒剂。灭菌药剂有化学药剂和抗生素两种。化学药剂对外植体进行表面灭菌，特殊情况下，采用抗生素灭菌。一般选择两种灭菌剂配合使用，例如先用 70%酒精浸泡 10~20s，再浸入 10%的次氯酸钠溶液 5~15min，随后用无菌水冲洗 3~5 次。常用消毒剂种类、使用浓度及消毒时间见表 4-1。

表 4-1 常用消毒剂种类、使用浓度及消毒时间

消毒剂	使用浓度（%）	消毒时间（min）
次氯酸钠	2	5~30
次氯酸钙	9~10	5~30
氯化汞	0.1~1	2~10
漂白粉	饱和浓度	5~30
酒精	70~75	0.2~2
过氧化氢	10~12	5~15
溴水	1~2	2~10
硝酸银	1	5~30
抗生素	4~50mg/L	30~60

4.2.3 外植体的接种与初代培养

4.2.3.1 外植体的接种

先对接种室进行全面消毒，超净工作台用70%酒精擦拭后，紫外灯照射20min以上，将接种用实验器具进行灭菌后放于超净工作台，外植体进行消毒处理。接种时将已消毒的根、茎、叶等离体器官，经切割或剪裁成小段或小块，放入培养基，具体过程如下：无菌条件下切取消毒的植物材料，将盛装外植体容器口靠近酒精灯火焰灼烧，将外植体均匀摆放在容器内，再次灼烧并封住容器口，在容器上做好标记，如接种植物名称、接种日期、处理方法等。

4.2.3.2 外植体培养

培养指把培养材料放在培养室（有光照、温度条件）里，使之生长、分裂和分化形成愈伤组织或进一步分化成再生植株的过程。外植体培养方法有固体培养法和液体培养法两种。

固体培养法：固体培养最常用凝固剂为琼脂，使用浓度为5~16g/L。另外，常用的凝固剂为植物凝胶，常用浓度为1.5~2.5g/L。固体培养的最大优点是简单、方便。但缺点是：只有外植体的底部表面能接触培养基吸收营养，上面则不能，影响生长速度；外植体插入培养基后，气体交换不畅，代谢的有害物质积累，造成毒害，影响外植体的生长；组织受光不均匀，细胞群生长不一致。因此，常有褐化、中毒等现象发生。

液体培养法：即用不加固化剂的液体培养基培养植物材料的方法。由于液体中氧气含量较少，所以通常需要通过搅动或振动培养液的方法以确保氧气的供给，采用往复式摇床或旋转式摇床进行培养，其速度为50~100r/min。这种定期浸没的方法，既能使培养基均一，又能保证氧气供给。该法可用于单细胞（如花药）、由少数细胞构成的细胞块（愈伤组织）或原生质体培养等。

4.2.4 继代培养技术

植物材料长期培养中，若不及时更换培养基则会出现培养基营养丧失，对植物生长发育产生不利影响，造成生长衰退现象；培养容器体积充满，不利于植物呼吸和导致植物生长受限；培养过程中积累大量代谢产物，对植物组织产生毒害作用，阻止其进一步生长，故当培养基使用一段时间后有必要对培养物进行转接，进行继代培养。继代培养可增殖培养物，快速扩大培养物群体，有利于工厂化育苗。

在植物组织培养早期研究中，发现部分植物的组织经长期继代培养会发生变化，在开始的继代培养中需要生长调节物质的植物材料，其后加入少量或不加入生长调节物质就可以生长，这就是组织培养中的驯化现象。驯化现象可能是由于在继代培养中细胞积累较多生长物质，可供自身生长发育，时间越长，对外源激素依赖越小。培养材料经过多次继代培养，而发生形态能力丧失、生长发育不良、再生能力降低和增殖率下降等现象，称为衰退现象。衰退现象可能与植物材料、培养基及培养条件、继代培养次数、培养季节、增殖系数有关。

4.2.5 试管苗驯化与移栽技术

在试管苗组织培养生产和实验中，容易出现组培苗移栽不成功的情况，或者移栽成活率过低，或者移栽后试管苗生长差，甚至移栽后试管苗全部死亡。为提高移栽试管苗成活率，有必要对其进行驯化。

试管苗驯化：因为试管苗在培养瓶中与温室条件差别较大，主要是培养瓶中温度稳定、湿度高、光照较弱等。为了使试管苗适应移栽后环境并由异养转变成自养，必须有逐步锻炼和适应过程，这个过程叫驯化或炼苗。驯化是为了提高试管苗对外界环境条件适应性，提高其光合作用能力，促使试管苗健壮，最终达到提高试管苗移栽成活率的目的。

试管苗驯化一般经过 3 个步骤：一是瓶内驯化，试管苗放于培养瓶内，放置在驯化室或组织培养室，打开封口增加通气性，一般 10～20d；二是移瓶，从培养室移出，25℃左右清水洗去培养基，再用低浓度生根粉溶液浸泡根部 5min 左右；三是瓶外驯化，将试管苗移栽至营养钵或苗床，要经过一段时间保湿和遮光阶段即为瓶外驯化。驯化成功的标准是试管苗茎、叶颜色加深。

移栽：组培试管苗经过一段时间驯化后对自然环境已经有适应能力，即可进行移栽，移栽方式有容器移栽和大田移栽。驯化后试管苗先移栽到带蛭石的穴盘、营养钵等育苗器中，称为容器移栽。对有些试管苗，如树木试管苗容器移栽后经过一段时间培育，幼苗长大后还要移到大田中，称为大田移栽。

移栽基质要疏松透气，同时具适宜保水性，容易灭菌处理，不利于杂菌滋生等。常用基质有粗粒状蛭石、珍珠岩、粗沙、炉灰渣、谷壳、锯末、腐殖土或营养土，根据植物种类特性，将其以一定比例混合应用。

移栽前，先将基质浇透水，并用与筷子直径类似的竹签在基质中开一穴。移栽时，先用镊子将试管苗从培养瓶中取出，切勿损坏根系，然后将根部黏附琼脂全部彻底清洗掉。注意琼脂中含有多种营养成分，若有残留，一旦条件适宜，微生物就迅速滋生，从而影响植株生长，导致烂根死亡。然后再将植株种植到基质中，让根舒展开，并防止弄伤幼苗。种植时幼苗深度应适中，为基质 1/4 处。覆土后需把幼苗周围基质压实。移栽时最好用镊子或细竹筷夹住幼苗后再种植在小盆内，移栽后需轻浇薄水，再将幼苗移入高湿环境中，保证空气湿度 90%以上。生长环境保持清洁，每 7～10d 轮换喷一次杀菌剂，如多菌灵、百菌清、甲基硫菌灵等。移栽 1 周后，可施稀薄肥水，视苗大小，浓度逐渐由 0.1%提高到 0.3%左右，也可将 1/2MS 大量元素水溶液作为追肥，以加快组培苗生长与成活。

4.3 植物愈伤组织培养

植物愈伤组织培养指在人工培养基上诱导植株外植体产生一团无序生长的薄壁组织细胞及对其培养的技术。植物的各种器官及组织经培养都可产生愈伤组织，并能不断继代繁殖。愈伤组织可用于研究植物脱分化和再分化、生长和发育、遗传和变异、育种及次生代谢物产生等，它还是悬浮培养的细胞和原生质体的来源。

根据细胞间紧密程度，可将愈伤组织分为紧密型愈伤组织和松脆型愈伤组织两类。紧密型愈伤组织内细胞间被果胶质紧密结合，无大的细胞间隙，不易形成良好的悬浮系统；而松脆型愈伤组织内细胞排列无次序，有大量较大细胞间隙，容易分散成单细胞或小细胞团，是进行悬浮培养的好材料。通常可以根据培养需要，调节培养基中激素含量使这两类愈伤组织互相转换。在培养基中增加生长类激素含量，紧密型愈伤组织可逐渐变为松脆型。反之，降低生长类激素含量，松脆型则可以转变为紧密型。

4.3.1 愈伤组织诱导

愈伤组织形成主要需离体和外源激素两大条件。高等植物几乎所有器官和组织，离体后在适当条件下均能诱导愈伤组织。在培养条件中最关键的是激素，没有外源激素的作用，外植体不能形成愈伤组织。诱导愈伤组织常用的激素有2，4-D、NAA、IAA、KIH 和 6-BA。外植体细胞在外源激素诱导下，经过脱分化形成愈伤组织，其过程一般可分为启动期（诱导期）、分裂期和分化期（或形成期）。启动期，外植体刚从植株体分离时，细胞一般处于静止状态，为在诱导期进行细胞分离做准备。此时，外植体细胞大小没有明显变化，但细胞内代谢活跃，蛋白质及核酸合成代谢迅速增加。分裂期，外植体细胞从开始分裂到迅速分裂，细胞数目大量增加，其特征是细胞分裂快，结构疏松，缺少组织结构，维持其不分化状态。分化期，愈伤组织细胞是分化的，但还没形成组织上的结构，其特征为细胞形态大小保持相对稳定，体积不再减小，成为愈伤组织生长中心。对愈伤组织形成过程的划分并无严格界限，分裂期和形成期常出现在相同组织。

4.3.2 愈伤组织继代培养

外植体的细胞经过启动、分裂和分化等一系列变化，形成了无序结构的愈伤组织。如果在原培养基继续培养愈伤组织，由于培养基中营养不足或有毒代谢物积累导致愈伤组织停止生长，甚至老化变黑、死亡。如让愈伤组织继续生长增殖，必须定期（如 2~4 周）将它们分成小块，接种到新鲜培养基，愈伤组织可长期保持旺盛生长。愈伤组织可用继代培养方式长期保存，也可通过悬浮培养而迅速增殖，用作无性系转移的愈伤组织应有适当体积，过大过小都不利于转移后生长。通常愈伤组织直径以 5~10mm 为佳，质量以 20~100mg 为宜。继代培养要求 3~4 周更换新鲜培养基，但具体转移时间根据愈伤组织生长速率而定。根据愈伤组织产生速度和形成愈伤组织类型，可判断愈伤组织质量，即产生再生植株可能性。质量较好的愈伤组织多呈淡黄（绿）色或无色，疏密程度适中；过于紧实或过于疏松的愈伤组织较难再诱导分化产生植株。

4.3.3 愈伤组织形态发生

愈伤组织形态发生有器官发生型和体细胞胚发生型两种类型。通常愈伤组织通过器官发生型产生再生植株有 4 种方式，即愈伤组织仅有芽或根器官分别形成，即无芽的根或无根的芽；先形成芽，再在芽伸长后，在其茎的基部长出根而形成小植株，大多植物为此种情况；先产生根，再从根的基部分化出芽形成小植株，这在单子叶植物中很少出现，而在双子叶植物中较为普遍；先在愈伤组织邻近不同部位分别形成芽和根，然后两者结合形成小植株，类似根芽的天然嫁接，但此种情况较少出现，且需在芽与根的维管束相通情况下才能获得成活植株。此外，植物组织培养中，常可见异常结构，如芽的类似物、叶的类似结构、苗的玻璃化现象等，这些情况大多由植物生长物质水平过高和比例不协调引起，需要多加注意。

体细胞胚胎发生型有两种方式，即从培养中的器官、组织、细胞和原生质体直接分化成胚，中间不经过愈伤组织阶段；外植体先愈伤化，然后由愈伤组织细胞分化形成胚，此种情况最常见。

4.4 植物脱毒技术

4.4.1 植物脱毒意义

随着种质资源交换范围扩大，生态条件改变，各种植物侵染病毒种类越来越多，侵染范围日益扩大，侵染程度日趋严重。获得无病毒材料的方法主要有两种，一是从现有栽培种质中筛选无病毒单株；二是采用一定措施脱除植株体内病毒。由于作物，尤其是营养繁殖作物在长期繁殖过程中积累和感染多种病毒，获得优良品种的无病毒种质最有效途径是采用脱毒处理。植物脱毒指通过各种物理、化学或者生物学方法将植物体内有害病毒及类似病毒去除而获得无病毒植株的过程。通过脱毒处理而不再含有已知的特定病毒的种苗称为脱毒种苗或无毒种苗。植物脱毒苗不仅脱除病毒，还可去除多种真菌、细菌及线虫病害，使植物恢复原来优良种性，植株健壮，增强抗逆性，减少农药和化肥使用量，降低生产成本，减少环境污染，促进生态良性循环。

4.4.2 植物脱毒方法

4.4.2.1 茎尖培养脱毒

茎尖培养也称分生组织培养或生长点培养。通常，病毒粒子随植物组织成熟而增加，但植物根尖和茎尖等顶端分生组织不带病毒。植物体内出现免毒区可能是植物的顶端分生组织区胞间连丝不发达，病毒不能通过胞间连丝到达顶端分生组织所致。分子生物学研究表明，以上可能与 DNA 合成和 RNA

干扰有关。

茎尖培养脱毒基本程序与常规组织培养相同，包含以下步骤：培养基选择和制备，待脱毒材料消毒，茎尖剥离、接种和培养，诱导芽分化和小植株增殖，诱导生根和移栽。茎尖培养关键在于寻找合适培养基，尤其是分化、增殖和生根均需特殊培养基。在茎尖培养中最常用MS培养基，但各步骤中所需植物生长调节剂种类、用量及配比各不相同，需根据所培养植物种类或品种（类型）而作适当调整。

4.4.2.2　其他组织培养脱毒

花器官培养脱毒：通过植物各种器官或组织诱导产生愈伤组织，然后再从愈伤组织诱导芽和根形成完整植株，可以获得无毒苗。

珠心胚培养脱毒：由于珠心细胞与维管束系统无直接联系，而病毒通常是通过维管束韧皮组织传递，因此珠心组织不带病毒，通过珠心胚培养可获得无病毒植株。

愈伤组织培养脱毒：植物各部位器官和组织脱分化均可诱导产生愈伤组织，从愈伤组织再分化形成小植株可获得脱毒苗，在马铃薯、天竺葵、大蒜、草莓等植物上已获得成功。

原生质体培养脱毒：该法原理与愈伤组织培养脱毒类似，由于病毒不能均匀侵染每个细胞，因此可用分离得到的原生质体为原始材料获得无病毒植株。

微体嫁接脱毒：微体嫁接是组织培养与嫁接技术结合而获得无病毒种苗的方法。微体嫁接是在无菌条件下，将切取的茎尖嫁接到试管中培养的砧木苗上，待其愈合发育为完整植株而达到脱毒效果。

4.4.2.3　物理方法脱毒

高温处理：热处理脱除植物病毒的原理主要是利用某些病毒受热以后的不稳定性，而使病毒失去活性，可以部分地或完全地被钝化（胡颂平和刘选明，2014）。热处理可以通过热水或热空气进行。热水处理对休眠芽效果较好，热空气处理对活跃生长的茎尖效果好，既可消除病毒，又能使寄主植物有较高存活机会。热空气处理也比较容易进行，把生长的植物移入热疗室中，在35~40℃下处理一段时间即可。处理时间，可由几分钟到数周不等。另外，为提高茎尖培养成活率和脱毒效果，通常将热处理结合茎尖剥离。

超低温处理：超低温处理是利用液氮超低温（-196℃）对植物细胞选择

性杀伤，得到存活的茎尖分生组织，重新培养后获得脱毒苗（胡颂平和刘选明，2014）。超低温对植物细胞选择性杀伤与细胞本身特性有关。因此，无论茎尖取材大小，能够在超低温处理后存活的细胞都只是顶端分生组织细胞和部分叶原基细胞，所以超低温处理不受茎尖尺寸限制。

4.4.2.4 化学方法脱毒

人们在长期的研究中发现一些化学试剂可以延迟或抑制病毒复制，最初这些化学物质主要在医学领域用于动物病毒的防治，后来逐渐建立起以这些试剂的发展为基础的植物病毒脱除技术体系（胡颂平和刘选明，2014）。目前从病毒吸附、渗透、脱衣壳到核酸复制和蛋白质合成各个环节均有相应病毒抑制剂。对于植物病毒来说，化学治疗主要策略是影响酶合成。化学脱毒方法主要有病毒抑制剂处理、RNA 合成抑制剂处理、三氮唑核苷处理几种类型。

4.4.3 脱毒苗鉴定

通过不同途径脱毒处理所获得的材料必须经过严格病毒检测和农艺性状鉴定证明确实是无病毒存在，又是农艺性状优良的株系才能作为无病毒种源在生产上应用。

4.4.3.1 脱毒效果检测

生物学检测：生物学检测主要是指示植物检测，是最早应用于植物病毒检测的方法。指示植物法即用感染病毒的植物叶片的粗汁液和少许金刚砂相混，然后在指示植物叶子上摩擦，2~3d 后叶片上出现了局部坏死斑。由于在一定范围内枯斑数与侵染病毒浓度成正比，且该法条件简单，操作方便，至今仍为经济而有效的鉴定方法被广泛使用。指示植物法不能测出病毒总的核蛋白浓度，但可检测被鉴定植物是否体内含有病毒质粒以及病毒相对感染力。

血清学检测：抗血清鉴定法就是利用抗原和抗体在体外特异性结合检测病毒的方法。由于其检测特异性高，测定速度快，此法已成为植物脱毒培养过程中病毒检测最常用的方法。免疫学理论不断深入和发展，自动化、标准化、定量化和快速灵敏的免疫电镜（IEM）、酶联免疫吸附（ELISA）和组织免疫印记技术（TP-ELISA）等血清学检测技术在植物病毒鉴定、定量和定位分析中得到广泛应用。

分子生物学检测：分子生物学检测比血清学检测灵敏度要高，能检测到 pg 级甚至 fg 级（$1fg=1\times10^{-15}g$）的病毒，它是通过检测病毒核酸来证实病毒存在。此法特异性强，检测快速，操作简便，用于大量样品检测。目前，在植物病毒检测与鉴定方面应用的分子生物学技术主要包括双链 RNA 法、核酸杂交技术、聚合酶链式反应技术等。

4.4.3.2 脱毒苗农艺性状鉴定

通过脱毒处理获得无病毒材料，尤其是通过热处理和愈伤组织诱导获得无病毒材料可产生变异。因此，获得无病毒材料后，必须在隔离条件下鉴定其农艺性状，确保无病毒苗经济性状与原亲本性状一致。脱毒苗农艺性状鉴定主要是在田间以原亲本为对照，选择与亲本具相同优良性状的单株，淘汰非亲本性状的劣株，同时发现不同于亲本的优良变异株，再通过单株选择或集团选择获得无病毒原种（巩振辉和申书兴，2013）。

4.4.4 无病毒苗保存和应用

隔离保存是将脱毒苗种植在隔离区内保存。利用离体保存，即在离体条件下保存脱毒苗，可对其长期保存。一般可将脱毒试管苗置于低温下培养或在培养基中加入生长延缓剂，延缓试管苗生长速度，延长继代周期，也可用超低温保存方法，达到长期保存的目的。

无病毒苗可通过组织培养方法进行离体快速繁殖。增殖培养主要有愈伤组织、不定芽和丛生芽 3 条途径。通过愈伤组织途径繁殖最快，但繁殖后代遗传性不稳定。通过不定芽繁殖速度也较快，但易形成嵌合体，出现性状不稳定，表现不一致的情况。通过促生丛生芽繁殖不存在变异危险，培养初期速度较慢，但后期繁殖加快，目前较多采用这种方法。培养时可根据选取的快繁途径，设计筛选出适宜培养基，建立优化的快繁体系。

有些木本植物进行离体快繁成本高，移栽成活率低，可将脱病毒种苗种植在隔离区，以嫁接、扦插等繁殖方式进行田间隔离繁殖。

4.5 植物离体快繁技术

4.5.1 植物离体快繁意义

植物离体繁殖又称为植物快繁或微繁，指利用植物组织培养技术对外植体进行离体培养，使其短期内获得遗传性一致的大量再生植株的方法。与其他繁殖方法比较，其主要优点为：繁殖系数高，速度快，繁殖系数可提高到几万到百万倍；可繁殖那些有性繁殖和常规无性繁殖不易或者不能繁殖的植物；结合脱病毒技术，可以繁殖无病毒苗木。其缺点为：操作复杂，设施和设备昂贵、成本较高等。

4.5.2 植物离体快繁方法

植物离体快繁一般分为无菌培养物的建立、初代培养、继代培养和快速增殖、诱导生根、驯化移栽。

4.5.2.1 外植体选择

用于离体快繁的材料，要选择品质好、产量高、抗病毒性佳的品种，其母株应选择性状稳定、生长健壮、无病虫害的成年植株。通常木本植物和较大的草本植物多采用带芽茎段、顶芽或腋芽作为快繁外植体；易繁殖、矮小或具有短缩茎的草本植物则多采用叶片、叶柄、花茎、花瓣等作为快繁外植体。

4.5.2.2 茎芽增殖途径

离体快繁经无菌培养的建立和初代培养的启动生长后，进入继代培养和快速增殖阶段，这一阶段，要求外植体能够大量增殖出无根试管苗，增殖方式如下。

侧芽增殖途径：主要指利用茎尖或侧芽培养而直接获得芽苗或丛芽的方法。高等植物每个叶子叶腋部分均具一个或几个腋芽或侧芽，当离体培养时，可通过加入细胞分裂素来促进生长。在有足够营养时，腋芽会按原来发育途径，通过顶端分生组织，陆续形成叶原基和侧芽原基。当侧芽发生后，又可以相同方式迅速形成新叶原基和侧芽原基，从而诱导丛生芽不断分化与生长，在较短时间内大量茎尖或侧芽培养出大量芽苗。

不定芽增殖途径：除顶芽及腋芽此类着生位置固定的芽外，其余由根、茎、叶及器官等产生的芽都叫不定芽，严格地说，由愈伤组织分化形成的茎芽也应当称为不定芽。离体快繁中不定芽的发生途径有两类，一类是由外植体直接发生不定芽，另一类是经脱分化形成愈伤组织再发生不定芽。

体细胞胚增殖途径：体细胞胚是培养过程中由外植体或愈伤组织产生的类似合子胚结构的现象。体细胞胚的发生可分为直接体细胞胚发生途径和间接体细胞胚发生途径。直接体细胞胚发生途径，即从外植体某些部位直接诱导分化出体细胞胚；间接体细胞胚发生途径，即外植体先脱分化形成愈伤组织后，再从愈伤组织的某些细胞分化出体细胞胚，并再生植株。

4.5.3 植物离体快繁常见问题

4.5.3.1 培养物污染

污染是指在组培过程中，由于真菌、细菌等微生物侵染，在培养容器中滋生大量病斑，使培养材料不能正常生长和发育的现象。污染类型按病原菌不同分为细菌污染和真菌污染；按污染来源分为破损污染、培养基污染、外植体带菌、接种污染和培养污染。在组培快繁中，应采取严格防治措施，减少污染。

4.5.3.2 褐化

褐化是指外植体在培养过程中，自身组织从表面向培养基释放褐色物质以致培养基逐渐变成褐色，外植体也随之变褐而死亡的现象。褐变的发生与外植体组织中所含酚类化合物多少和多酚氧化酶活性直接相关。此酚类化合物在完整的组织和细胞中与多酚氧化酶分隔存在，因而比较稳定。但在建立外植体时，切口附近的细胞受到伤害，其分隔效应被打破，酚类化合物外溢。但酚类很不稳定，在溢出过程中与多酚氧化酶接触，在其催化下迅速氧化成褐色醌类物质和水，醌类又会在酪氨酸酶等作用下与外植体组织中蛋白质发生聚合，进一步引起其他酶系统失活，从而导致组织代谢紊乱，生长停滞，最终衰老死亡。在组织培养中，褐变普遍存在，这种现象与菌类污染和玻璃化并称为植物组织培养的三大难题。而控制褐变比控制污染和玻璃化更加困难。因此，能否有效地控制褐变是某些植物能否组培成功的关键。

褐变的防治措施：选择适宜外植体；对外植体材料预处理；筛选合适培养基和培养条件；培养基中加活性炭、抗氧化剂和其他抑制剂；多次转瓶缩短转瓶周期和细胞筛选。

4.5.3.3 玻璃化

玻璃化指组织培养苗呈半透明状，外观形态异常的现象。玻璃化是一种生理病害，包括茎叶透明状、海绿色、水浸状等现象，出现玻璃化的茎叶表面完全无蜡质，导致细胞丧失持水能力，细胞内水分大量外渗，增加植株水分散发和蒸腾，极易引起植株死亡。

玻璃化防治措施：适当控制培养基无机营养成分；适当提高培养基蔗糖

和琼脂浓度；适当降低细胞分裂素和赤霉素浓度；增加自然光照，控制光照时间；控制温度；改善培养器皿气体交换状况；培养基添加其他物质。

4.5.3.4 性状变异

在自然条件下无性繁殖的速度较慢，突变体繁殖数量少，影响较小。但是在离体快繁过程中，由于繁殖速度快，以年生产百万级的繁殖速度，变异培养物很容易表现出来，而且随着继代培养代数增加，变异试管苗可能被大量繁殖，容易造成繁殖群体商品性状不一致，而影响离体快繁植株商业应用。为减轻体细胞变异对离体快繁商业化影响，应尽可能使用以茎尖、茎段为外植体的离体快繁方式。同时对于已成功建立的无菌培养材料使用有限繁殖代数，定期从原植株上采集新外植体以更换长期继代的无菌培养材料。

4.5.4 植物无糖组织快繁技术

植物无糖组织快繁技术又称为光自养微繁殖技术，指在植物组织培养中改变碳源种类，以 CO_2代替糖作为植物体的碳源，通过输入 CO_2气体作为碳源，并控制影响试管苗生长发育的环境因子，促进植株光合作用，使试管苗由兼氧型转变为自养型，进而生产优质种苗的新植物微繁殖（离体繁殖）技术。一般来说，植物无糖组织快繁技术主要包括环境调控、光独立营养培养和驯化移栽 3 个方面。

4.6 植物胚胎培养

4.6.1 植物胚胎培养意义

胚胎培养是植物组织培养的重要领域，植物胚胎培养指将植物的胚（种胚）及胚性器官（子房、胚珠）在离体条件下进行无菌培养，使其发育成完整植株的技术。

植物胚胎培养的意义：克服杂种败育；打破种子休眠；提高种子发芽率；克服珠心胚干扰；诱导胚状体及胚性愈伤组织；测定种子生活力。

4.6.2 植物胚胎培养方法

4.6.2.1 胚培养

植物胚培养包括成熟胚培养与幼胚培养。成熟胚培养是指剥取成熟种子的胚进行培养。其目的是克服种子本身（如种皮）对胚萌发的抑制作用。种子植物的成熟胚在比较简单的培养基上就能萌发生长，只要提供合适生长条件及打破休眠，离体胚即可萌发成幼苗。成熟胚生长不依赖胚乳储藏营养，培养基要求简单。常用培养基只需含大量元素的无机盐和糖，就可使胚萌发生长成正常植株。幼胚培养指对未成熟胚或夭折之前的远缘杂交种胚进行挽救培养。幼胚完全异养，在离体培养时比成熟胚培养困难，技术和条件要求较高，培养不易成功。幼胚培养包括剥离胚胎培养、受精后胚珠培养和受精后子房培养。此外，可培养未受精胚珠或子房，它是获得单倍体的途径之一，也是进行离体授粉的工作基础。

幼胚培养过程：取授粉后一定天数的子房，经消毒杀菌后，在无菌条件下，切开子房，取出胚珠，剥离珠被，取出完整幼胚，置培养基上培养。分离幼胚时，操作要小心，避免损伤，需在体视显微镜下操作。

成熟胚培养过程：选取健壮优良个体自交种或杂交种子，用75%酒精表面消毒几秒至几十秒（消毒时间取决于种子成熟度和种皮厚度）。将经过表面消毒的成熟种子放到漂白粉饱和溶液或0.1% $HgCl_2$ 水溶液中消毒5~15min，然后用去离子水冲洗3~5次，在超净台中解剖种子，取出胚接种在培养基上，常规条件培养即可。

胚培养再生植株途径有两种，一是幼胚—成熟胚—植株，这种途径植株变异小；二是幼胚—愈伤组织—植株，这种途径植株变异大，杂种植株中异源三倍体出现较多。

4.6.2.2 胚乳培养

胚乳培养指将胚乳组织从母体上分离，通过离体培养，使其发育成完整植株的过程。胚乳培养是人工获得植物三倍体的重要途径，在三倍体无籽果实等新品种选育及遗传研究方面均具重要应用价值。此外，胚乳培养还能产生各种非整倍体，从中可以筛选出单倍体、三倍体等珍贵遗传材料，也可用于胚乳与胚的关系、胚乳细胞的生长发育及形态建成等方面研究。

胚乳培养分带胚培养和不带胚培养两种方式，通常前者比后者更易诱导形成愈伤组织。胚乳培养过程：确定适宜胚乳培养的发育时期；筛选适宜培养基；选择胚乳发育适宜时期的果实或种子，消毒杀菌；在无菌条件下，剥开种皮，分离出胚乳组织；接种培养。

胚乳培养中，除少数植物可直接从胚乳组织分化出器官外，通常先形成愈伤组织，然后在分化培养基上，胚状体或不定芽分化。胚乳初生愈伤组织形态为白色致密型，少数为白色或淡黄色松散型，也有的为绿色致密型。

4.6.2.3 子房培养

子房培养是指将子房从母体上分离出来，放在人工配制培养基上，使其进一步生长发育成为幼苗的过程。在胚珠培养时，常因分离技术严格而采用子房培养。根据培养子房是否受精，可将子房培养分为受精子房培养和未受精子房培养两类。

子房培养方法比较简单，取开花前（未受精子房培养）和授粉后（受精子房培养）适当天数的花蕾或子房，用70%酒精表面消毒30s，0.1% $HgCl_2$消毒8~10min或用2% NaClO消毒10~15min，无菌水冲洗4~5次，然后在无菌条件下，将子房接种到培养基。

4.6.2.4 胚珠培养

胚珠培养指在人工控制条件下，对胚珠进行离体培养使其生长发育形成幼苗的技术。由于幼胚分离难度较大，而胚珠分离则相对容易，在幼胚培养时常采用胚珠培养。胚珠培养分为两种类型，即受精胚珠培养和未受精胚珠培养。

胚珠培养方法与子房培养基本相同，取开花前（未受精子房培养）和授粉后（受精子房培养）适当天数的花蕾或子房，用70%酒精表面消毒30s，0.1% $HgCl_2$消毒8~10min或用2% NaClO消毒10~15min，无菌水冲洗4~5次，用解剖刀切开子房，取出胚珠接种到培养基上，也可连同胎座接种到培养基。

4.6.3 植物离体授粉技术

植物离体授粉指将未授粉子房或胚珠从母体分离，无菌培养，并以一定的方式授以无菌花粉，使之在试管内实现受精的技术。从花粉萌发到受精形成种子以及种子萌发到幼苗形成的整个过程，均在试管内完成，称为离体受精或试管受精。根据无菌花粉授于离体雌蕊的位置，可将离体授粉分为3种类型，即离体柱头授粉、离体子房授粉和离体胚珠授粉。进行离体授粉时，从花粉萌发到受精形成种子以及种子萌发和幼苗形成的整个过程一般均在试管内完成。

植物离体授粉的意义：克服杂交不亲和性；诱导孤雌生殖；双受精及胚

胎早期发育机理研究。

离体授粉程序：确定开花、花药开裂、授粉、花粉管进入胚珠和受精作用时间；去雄后将花蕾套袋隔离；制备无菌子房或胚珠；制备无菌花粉；胚珠（或子房）试管内授粉。

4.7 植物花粉与花药培养

4.7.1 花粉与花药培养意义

花粉与花药培养简称花培。花粉培养技术，指把花粉从花药中分离出来，以单个花粉粒作为外植体进行离体培养的技术，也称小孢子培养技术。花药培养技术是把花粉发育到一定时期的花药接种到培养基上来改变花粉原有发育程序，使其脱分化形成细胞团，然后再分化形成胚状体或愈伤组织，进而发育成完整植株的技术。

花药培养属于器官培养，花粉培养属于细胞培养，但二者培养目的一致，均为诱导花粉细胞发育成单倍体植株，经染色体加倍而成为正常结实的二倍体纯系植株。这和常规多代自交纯化方法相比，可节省大量时间和劳力。同时，花粉和花药培养是研究减数分裂及花粉生长机制的生理、生化、遗传等基础理论的最好方法。

4.7.2 花粉与花药培养方法

4.7.2.1 花粉培养方法

花粉分离：在开花前一天，取花蕾，灭菌，然后剥出花药，小孢子的分离可采用如下方法：一是自然散落法或机械挤压法，这是最早的花粉分离方式；二是漂浮培养法，即将花药接种于液体培养基上，任其内花粉自由释放，然后离心培养；三是磁力搅拌法，即将花药放入盛有一定量培养液或渗透剂的三角瓶中，置于磁力搅拌仪上，低速旋转，使小孢子随搅拌逐渐溢出，直至花药呈透明，离心、培养。

平板培养法：采用固体培养基，在培养基凝固前，温度不要太高时（45~50℃）将花粉放入培养基中，晃动培养皿，将花粉包埋在培养基中。在适宜条件下花粉会形成愈伤组织或胚状体，最后再生出植株。

看护培养法：无菌条件下，将一个完整花药放在琼脂培养基表面，花药上再覆盖小的圆形滤纸片，用移液管吸取花粉悬浮液 0.5mL（含有花粉粒 10 个），滴在滤纸片上。放在适宜条件下培养。可用该种植物愈伤组织或花药浸出液代替完整花药作为看护组织。

微室悬滴培养：为防止花粉破裂，在 4℃ 下低温中接种，在 20℃ 下暗培养。具体做法是：先在一张盖片上圈筑一个圆形石蜡“围墙”，中心装上一个石蜡柱，将一滴含有 50~80 个成熟花粉粒的培养液滴在石蜡柱一侧，翻转盖片，扣在凹穴载片的凹穴上，使石蜡柱正好触及凹穴中央底部，盖片四周用石蜡封严。每天轻轻转动载片，使悬滴围着盖片中央石蜡柱流动，以达通气目的。

4.7.2.2 花药培养方法

花药培养步骤是采集花药、预处理、消毒、接种、诱导培养、植株再生及驯化移栽、花粉植株倍数性鉴定、单倍体加倍、纯合二倍体株系。常采用方法如下。

固体培养法：采用固体或半固体培养基培养花药，诱导产生愈伤组织或胚状体，最后再生植株。该方法操作简单，通常均采用此法。

液体培养法：比固体培养法效果好。将花药接种到液体培养基内，在摇床上振荡（100r/min），诱导产生胚状体或悬浮细胞培养。需要定期更换培养基（在超净工作台上静置沉淀，去上清，然后加入新培养基）。

滤纸桥培养法：无菌条件下，将花药放在无菌滤纸上，漂浮在液体培养基上培养。该种方法通气性好，培养效果好。

4.8 植物细胞培养

植物细胞培养指对植物器官或愈伤组织分离的单细胞（或小细胞团）进行培养，形成单细胞无性系或再生植株的技术。用于植物细胞培养的单细胞可以直接从外植体中分离得到，从外植体中分离植物细胞通常有机械法和酶解法两种；也可从愈伤组织中分离得到。获得单细胞后进行培养的方法如下。

4.8.1 植物单细胞培养

植物细胞具有群体生长特性，当经分离，获得单细胞后按照常规的培养方法，达不到细胞生长繁殖的目的。为此，发展植物单细胞培养，指从植物器官、愈伤组织或悬浮培养物中游离出单个细胞，在无菌条件下，进行体外培养，使其生长、发育的技术。植物单细胞培养常见方法如下。

4.8.1.1 平板培养法

平板培养指将制备一定密度的单细胞悬浮液接种到 1mm 厚的固体培养基上进行培养的方法。平板培养过程：调整单细胞悬浮液的密度，配制固体培养基，接种单细胞，培养，继代培养。

用平板法培养单细胞时，常以植板率（Plating efficiency，PE）来评价培养效率，它以长出细胞团的单细胞在接种细胞中所占百分率来表示。

植板率=每个平板中新形成细胞团数/每个平板中接入细胞数×100%

式中，每个平板中新形成细胞团数要进行直接计量。计量时应掌握合适时间，即细胞团肉眼已能辨别，但尚未长合在一起。如过早，肉眼不能辨别小细胞团；过晚，靠得很近的细胞团长合在一起难以区分，均影响计量的正确性。通常植板率在 25℃下培养 21d 后进行计算。

4.8.1.2 看护培养法

看护培养法又称“哺育培养法”，指用一块活跃生长的愈伤组织块作为看护组织，利用其分泌出的代谢活性物质促进靶细胞持续分裂和增殖，而获得由单细胞形成的细胞系的培养方法。其过程如下：新鲜的固体培养基接入 1～3mm 愈伤组织；愈伤组织块上放一张已灭菌滤纸，放置一晚，使滤纸充分吸收从组织块渗出的培养基成分；第二天将单细胞吸取并放在滤纸上培养。置于培养箱中培养，单细胞持续分裂和增殖，形成细胞团；将细胞团转移到新鲜固体培养基继代培养，获得由单细胞形成的细胞系。愈伤组织和预培养的细胞可属于同一物种，也可为不同物种。培养 1 个月单细胞即长成肉眼可见的细胞团，2～3 个月后从滤纸上取出放于新鲜培养基，以便促进其生长并保持这个单细胞无性系。

4.8.1.3 微室培养法

微室培养也称“双层盖玻璃法”，指将含有单细胞的培养液小滴滴入无菌小室中，在无菌条件下使细胞生长和增殖，形成单细胞无性系的培养方法。它是为进行单细胞活体连续观察而建立的微量细胞培养技术，运用该技术可活体连续观察单细胞生长、分化、细胞分裂、胞质环流规律。该法还可用于原生质体培养，以观察原生质体融合、细胞壁再生以及融合后分裂。因此，它是进行细胞学实验研究的有用技术。

将微室培养法与看护培养技术结合，由于愈伤组织的看护，单细胞可以生长、分裂和繁殖，该法称为微室看护培养法。

微室培养也可将接种有单细胞的一小滴液体培养基或固体培养基滴在培养皿盖上，制成悬滴，然后再密封培养。微室培养还可以将接种有单细胞的少量液体培养基置于培养皿中，形成一薄层，在静置条件下进行培养，该法又称液体薄层培养法。

4.8.1.4 条件培养法

条件培养法指将单细胞接种于条件培养基中培养，使单细胞生长繁殖，从而获得由单细胞形成的细胞系的培养方法。条件培养基指含有植物细胞培养上清液或静止细胞的培养基。该法为平板培养和看护培养基础上发展的单细胞培养方法。基本过程：配制植物细胞培养上清液或静止细胞悬浮液；配制条件培养基；接种；培养；继代培养。

4.8.2 植物悬浮细胞培养

植物细胞悬浮培养的名词术语很多，有悬浮培养、细胞悬浮培养、细胞培养等。确切含义应当指将植物的细胞和小的细胞聚集体悬浮在液体培养基进行培养，使之在体外生长、发育，并在培养过程中保持良好分散性。此类细胞和小聚集体来自愈伤组织、某个器官或组织，甚至幼嫩植株，通过化学或物理方法获得。

细胞悬浮培养主要特点是：能大量提供较均一的植物细胞，即同步分裂的细胞；细胞增殖速度比愈伤组织快，适宜大规模培养和工厂化生产，已成为细胞工程中独特的产业，需要特殊设备，如大型摇床、转床、连续培养装置、倒置式显微镜等，成本较高。植物细胞悬浮培养主要分以下几种类型。

4.8.2.1 分批培养

分批培养指将一定量细胞或细胞团分散在一定容积的液体培养基中培养，当培养物增殖到一定量时，转接继代，目的是建立单细胞培养物。分批培养所用容器为100～250mL三角瓶，每瓶装20～75mL培养基。为使分批培养细胞能不断增殖，必须进行继代。继代方法为取出培养瓶中少量悬浮液，转移到成分相同的新鲜培养基中（大约稀释5倍）。也可用纱布或不锈钢网过滤，滤液接种，可提高下一代培养物中单细胞比例。

4.8.2.2 半连续培养

半连续培养是利用培养罐进行细胞大量培养的方式。在半连续培养中，当培养罐内细胞数目增殖到一定量后，倒出一半细胞悬浮液于另一个培养罐内，再分别加入新鲜培养基继续培养，如此频繁再培养。半连续培养能重复获得大量均一培养细胞。

4.8.2.3 连续培养

连续培养是利用特制培养容器大规模细胞培养的另一种培养方式。在连续培养中，新鲜培养基不断加入，同时旧培养基不断排出，因而在培养物容积保持恒定条件下，培养液中营养物质能不断补充，使培养细胞能够稳定连续生长。连续培养可在培养期间使细胞长久保持在指数生长期中，细胞增殖速度快。

连续培养适于大规模工厂化生产，有封闭式和开放式两种。封闭式连续培养指在封闭式连续培养中，排出的旧培养基由加入的新培养基进行补充，进出数量保持平衡。排出的旧培养基中悬浮细胞经离心收集后又被返回到培养系统中去，因此，在该培养系统中，随培养时间延长，细胞数目不断增加。开放式连续培养指在培养中，新鲜培养基不断加入，旧培养基不断流出，流出的培养液不再收集细胞用于再培养而是用于生产。

4.8.3 植物细胞培养应用

4.8.3.1 筛选突变体

突变体筛选指利用相关选择压力对自然突变或人工诱变的细胞材料进行筛选获得突变植株的技术。具有效率高、周期短，可高度利用空间，并且不受季节限制等优点，适合于单基因控制的质量性状。

在植物细胞培养中，常会出现自发变异，即体细胞无性系变异。20 世纪 80 年代初，Larkin 和 Scowcroft 对有关再生植株变异的报道加以评述，并提出用体细胞无性系一词来概括一切由植物体细胞再生的植株，并把经过组织培养循环出现的再生植株的变异称为体细胞无性系变异，而且指出体细胞无性系变异不是偶然现象，其变异机理值得研究，在植物育种方面具广泛应用前景。此后，随着植物原生质体、细胞和组织培养技术的迅速发展，体细胞无性系变异日益引起人们广泛重视，并对体细胞无性系变异有更深入的认识和理解，认为在离体培养条件下植物器官、组织、细胞和原生质体培养产生的无性系变异统称为体细胞无性系变异，它在植物品种改良和生物学基础研究中显示出极大应用价值。

植物体细胞无性系变异可用于拓宽遗传资源，为植物遗传改良创造中间材料或直接筛选新品种；用于遗传研究；用于发育生物学研究；用于生化代谢途径研究。

4.8.3.2 生产次生代谢产物

很多植物次生代谢产物为食品、药品、化妆品重要来源。因天然产物含量低，难以满足人类的需要，大规模人工合成又存在许多困难。不过，在整体植物中存在的这类化合物，在培养细胞中也同样存在。因此，随着细胞培养技术的发展，人们可以利用细胞大量培养技术来生产这些化合物。

利用细胞大量培养生产天然化合物的方法大致包括 3 个步骤：高产细胞系的建立，包括从特定植物材料诱导愈伤组织，从愈伤组织分离单细胞，细胞诱变和突变细胞的筛选，高产单细胞无性系保存等；“种子”培养，即对高产细胞系多次扩大繁殖以便获得足够培养细胞用作大量培养接种材料；细胞大量培养，即用发酵罐或生物反应器进行细胞培养以生产所需要植物化合物。

4.8.3.3 其他应用

为了克服远缘杂种的不育性，常需染色体数加倍。利用细胞培养大量生产植物细胞本身，并加以利用的研究，很早就有人开始进行，并设计了各种培养装置。有利于植物代谢生理学、生物化学等研究，可作为葡萄糖、淀粉、脂质、细胞壁、氨基酸、蛋白质和核酸等代谢的理想研究材料。

4.9 植物原生质体培养

4.9.1 植物原生质体培养意义

原生质体指用特殊方法脱去植物细胞壁的、裸露的、有生活力的原生质团。就单个细胞而言，除没有细胞壁外，它具有活细胞特征。植物原生质体被认为遗传转化理想受体，除可用于细胞融合研究外，还可通过裸露的质膜摄入外源 DNA、细胞器、细菌或病毒颗粒。原生质体的这些特性与植物细胞的全能性结合在一起已经在遗传工程和体细胞遗传学中开辟了一个理论和应用研究的崭新领域。

研究植物原生质体具有重要意义，具体表现如下：植物原生质体是细胞无性系变异和突变体筛选重要来源；植物原生质体培养是细胞融合工作的基础；植物原生质体是植物遗传工程理想受体和遗传饰变理想材料；植物原生质体可用于细胞生物学和遗传理论研究。

4.9.2 植物原生质体分离

4.9.2.1 取材

材料的选取不仅影响原生质体分离效果，而且为影响原生质体培养是否成功的关键因素之一。植物材料的选择主要考虑基因型、材料类型及材料生理状态。

4.9.2.2 植物原生质体分离方法

机械分离法：由于该法获得的原生质体产量低，不能满足实验需要，而且液泡化程度低的细胞不能采用该方法，因此，机械分离法未广泛应用。

酶分离法：经数十年不断完善，目前已成为植物原生质体分离最有效方法。酶分离法又分为两步法和一步法。两步法是先用果胶酶处理材料，游离出单细胞，然后再用纤维素酶处理单细胞，分离原生质体。其优点是所获得原生质体均一、质量好。但由于操作繁杂，目前已逐渐被淘汰。一步法是将纤维素酶和果胶酶等配制成混合酶液来处理材料，一步获得原生质体。因操作简便，目前几乎均采用该法。常用纤维素酶 onozuka R-10 浓度为 1%~3%、崩溃酶浓度为 0.3%、果胶酶 Y-23 为 0.1%~0.5%、离析酶 R-10 为 0.5%~1%、半纤维素酶为 0.2%~0.5%。从温室或者田间取叶片分离原生质体有预处理、叶片表面消毒、去表皮、酶解分离原生质体、原生质体纯化 5 个步骤。

微原生质体分离：在原生质体分离过程中，有时会引起细胞内含物的断裂而形成一些较小原生质体就叫做亚原生质体。它可具有细胞核，也可以无细胞核。核质体是由原生质膜和薄层细胞质包围细胞核形成的小原生质体，也称为微小原生质体。胞质体为不含细胞核而仅含有部分细胞质的原生质体。

有多种途径通过原生质体融合获得细胞质杂种。其中，将一亲本的原生质体与另一亲本的胞质体融合是获得细胞质杂种的较好途径。制备微原生质体或胞质体的基本原理是，通过原生质体梯度离心产生不同的离心力，将原生质体分离成微原生质体。加入细胞松弛素 B 与离心相结合，更容易去掉细胞核得到胞质体。

4.9.2.3 植物原生质体纯化

供体组织经过酶处理，得到由未消化组织、破碎细胞以及原生质体组成的混合群体，必须纯化，以得到纯净的原生质体。植物原生质体纯化方法主要有沉降法、漂浮法和不连续梯度离心法。

4.9.3 植物原生质体培养方法

原生质体分离纯化后，须在合适培养基中应用适当培养方法才能使细胞壁再生，细胞启动分裂，并持续分裂直至形成细胞团，长成愈伤组织或胚状体，分化或发育成苗，最终形成完整植株。

按照培养基的类型，原生质体培养方法可分为固体培养法、液体培养法及固液结合培养法，其又可细分为平板培养法、看护培养法、悬滴培养法、液体薄层培养法、固液双层培养法和琼脂糖珠培养法等。

4.10 其他技术

4.10.1 纳米技术在植物组织培养中应用

我们生活在“纳米时代”，无论是化妆品、纺织品、电器、小工具，还是我们吃的食物，或居住的环境，无论我们是否喜欢，纳米材料已经存在于生活的各个方面。纳米技术涉及长度在100nm以下的材料的研究和处理。

在植物组织培养中，有许多应用纳米技术的报道。纳米颗粒（Nanoparticles，NPs）已被广泛用于改善种子发芽，提高植物生长和产量，实现植物遗传修饰，改善生物活性化合物的生产并实现植物保护。用二氧化硅（SiO_2）处理番茄种子时，纳米颗粒增加种子发芽和幼苗生长百分比。铁和镁纳米肥料的使用显著改善黑眼豌豆单荚种子数量和种子蛋白质含量。含金的介孔二氧化硅纳米颗粒将DNA传递到烟草的原生质体、细胞和叶片中。用氧化锌（ZnO）纳米颗粒处理甘草幼苗可以提高花色苷、类黄酮、甘草甜素、酚类化合物和脯氨酸含量。据报道硅-银纳米颗粒对几种植物病原体具抗菌活性。人们发现，将硅-银纳米颗粒应用于绿南瓜的受感染植物可有效控制白粉病。Kim等（2017）总结有关在植物组织培养中使用纳米颗粒的最新成就，其介绍了通过引入纳米材料在消除植物培养中的微生物污染、愈伤组织诱导、器官发生、体细胞胚发生、体细胞变异、遗传转化和代谢产物生产方面取得的里程碑式的进展，并且在未来，需要掺入更多的新时代纳米材料，例如石墨烯和碳布基球，以及为有效植物组织培养创造纳米环境的可能性。

4.10.2 显微技术在植物组织培养中应用

在植物科学中，显微镜试图用于解决和理解生长和发育过程的各个方面，包括结构和功能特性。植物科学作为一个领域涵盖了植物生长、发育和生态学等各个方面。植物生物技术的主要重点是在质量和数量上进行植物有效繁殖和改良，因此仍然是植物科学的基础领域之一。在一定程度上，基于细胞全能性和遗传转化的原理建立了植物生物技术。不可避免地，使用基本的体外植物培养技术对植物生物技术的成功至关重要。最近的技术进步正在扩大显微镜的功能，可用于观察体外再生植株的形态学表现。因此，结合生化、组织学和分子生物学方法，越来越多的基于显微镜的技术可以加快对体外植物培养系统的更好理解。此外，通过使用显微系统通常可以更好地阐明再生植株中的生理疾病。

微观技术的发现和发展为植物生物学家提供多种宝贵技术，以探索细胞结构和动力学，从而扩展对植物生长发育的认识。当与植物细胞、组织和器官培养方法结合使用时，微观应用已为植物生长和发育动力学提供重要见识。特别是共聚焦显微镜和荧光蛋白探针，绿色荧光蛋白（GFP）及其衍生物提供的实时成像功能进一步推动植物形态发生研究的边界，并扩大将来通过提高光学显微镜分辨能力所能实现的可能性。光稳定荧光团的发展，特别是在红色和远红外光谱区，将通过动态体内细胞成分实时成像提供更多生物学见解。因此，尽管光学显微镜分辨能力有限，“照亮的植物细胞”仍继续为亚细胞蛋白质定位、基因表达和分子运输贡献了宝贵的信息，从而增进了我们对植物发育所涉及基本机制的理解。此外，免疫电子显微镜和免疫金标记已经绕开了光学显微镜有限的分辨能力所带来的缺点。使用高酚含量的植物提取物，例如乌龙茶提取物（OTE）（代替乙酸铀酰）及微波辅助处理的标本制备技术的新进展和创新可能会扩大该法的应用范围。尽管具有较高的分辨能力，但使用透射电子显微镜（TEM）进行免疫金标记仍受其深层组织成像能力的限制。未来，显微技术的发展有可能解开植物细胞的基本生物学奥秘，从而为植物发育生物学提供深刻的见解。

4.11 工业大麻的组织培养

近年来，世界各地对大麻经济价值的发掘和利用力度加大，培育高大麻二酚（CBD）含量工业大麻品种为目前重大课题。目前，在大多数国家和地区，工业大麻种植及应用仍然受法律限制。植物大麻素含量可变，并取决于多个因素。因此，很多学者进行替代生产方法。微繁殖技术发展是遗传修饰必要步骤，对某些药用大麻，已经获得可喜结果，但是，纤维类型大麻微繁殖技术需要深入研究。对大麻进行基因改造，利于新品种开发。大麻细胞悬浮培养物和毛状根培养物已被用于生产大麻素，但愈伤组织和细胞悬浮培养物获得大麻素已证明为不可能。不定根可以输送少量的代谢物，但生产会随时间推移而停止，且不适于工业应用。

有关大麻组织培养，最早可追溯到 1972 年，至今已有 50 多年研究历程，但各个国家对大麻管控严格，导致大麻研究曾一度中断，大麻研究进展缓慢。近几年随着各国对大麻管控逐渐放开，大麻组培相关研究也逐年增多。

4.11.1 工业大麻组织培养外植体选择和处理

4.11.1.1 外植体选择

由于植物细胞的全能性，植物体任何部分均能够诱导成苗，但大量研究表明，同一植物不同器官甚至同一器官不同部位诱导与分化能力大不相同。所以，外植体的选择将影响组织培养有效进行。目前，用于大麻再生外植体有茎尖、带节茎段、下胚轴、叶片等，这些材料取材周期和便捷性具一定限制性。腋芽、芽尖和茎节常用于微繁和种质保存。叶、子叶、下胚轴或上胚轴不仅经常用于微繁和种质保存，也用于遗传转化。Cheng 等（2016）描述一种使用子叶作为外植体的快速再生不定芽方案，研究发现，较年轻子叶（种植后 2~3d）比较老子叶（5~6d）更适合作为外植体，因为其再生频率明显较高。对外植体，并没有确切地研究来讨论哪一个外植体是最好选择。但是，根据研究结果，选择大麻子叶外植体时，应尽可能选择较年轻子叶。Ślusarkiewicz-Jarzina 等（2005）评估 5 个大麻品种幼叶、叶柄、节间和腋芽的再生，发现愈伤组织和再生水平取决于品种和组织；叶柄和幼叶组织对再生最敏感，然而，这种反应程度因品种而异；在叶柄中，愈伤组织发生率为

27%~83%，取决于测试品种，品种总再生率较低，介于 0~6%。Galán-Ávila 等（2020）对 5 个大麻品种下胚轴、子叶和真叶直接器官发生进行的研究发现，下胚轴在 5 个品种中反应最灵敏，研究表明，49.5%下胚轴组织在所有处理中都有反应，而子叶和真叶反应率分别为 4.7%和 0.42%；再生反应取决于源组织和品种，范围为 2%~71%；然而，在下胚轴处理中，这一响应范围变异性较小（32%~71%再生）；每个外植体产生的芽数始终在 1~2 个。作为有性生殖产物，种子本身就具有繁殖能力，也为良好外植体来源。例如 Nong 等（2019）就以脱壳出芽的大麻种子为外植体。但以种子为外植体需注意，选择刚出壳种子为佳，因 Nong 等研究发现，以大麻种子直接作为外植体灭菌，灭菌效果并不理想，灭菌后初始污染率极低，但种子萌发初期污染率逐渐升高，这可能因内生真菌较多所致，而以刚出壳种子为外植体，污染率则明显降低。综上所述，对大麻再生研究，外植体选择因品种而异。

4.11.1.2 工业大麻种子消毒处理

大麻组织培养过程中，如果以种子为外植体，其消毒效果直接关系后续培养过程是否染菌。一般常用的灭菌剂有 75%酒精、0.1%升汞、3%~4%次氯酸钠等，但升汞消毒后难以除去残余汞对外植体的杀伤作用。Nong 等以 75%乙醇灭菌 30s，0.1% $HgCl_2$ 溶液灭菌 9min 效果最好，污染率最低为 11.4%。刘以福等（1984）将大麻种子用浓度 0.1%升汞水浸泡 30min，接种到琼脂培养基上，萌发获得无菌苗。张利国等（2012）采用浓度 10%次氯酸钠作为消毒剂，进行 3 次处理，消毒时间分别为 18min、21min 和 24min，发芽率在浓度 10%次氯酸钠消毒 18min 后达最高，且没造成污染。

程超华等（2011）研究发现，大麻种子灭菌以三重处理法为佳，即硫酸处理 20min，于自来水下冲洗 30min，75%酒精处理 2min，3%次氯酸钠浸泡 20min 后，用无菌水冲洗数次，于干净滤纸上吸干水分，用手术刀和镊子剥去种皮，接种于培养基上。不同大麻品种污染率和发芽率有一定差异。三重处理法优点如下：用次氯酸钠为灭菌剂，处理以后残毒能够自然降解，避免环境污染，故优于用升汞处理；用工业硫酸预处理种子，除去种子上附着杂质，减少污染概率，软化后种皮有利于下一步剥皮操作；种子经灭菌处理后，于超净台上人工剥去种皮，明显加快种子萌芽速度，3~4d 便能生产大批量无菌苗，快捷方便。

4.11.2 工业大麻离体快繁

微繁殖允许快速繁殖和大规模植物生产，其最大优势是可以再生优良克隆并保存有价值植物基因型。建立有效再生方案是遗传转化必要前提。微繁殖是大麻离体培养的首要应用，虽然用于遗传保存或繁殖的微繁殖一般是通过现有分生组织芽增殖实现，但生物技术许多应用需要建立由非分生组织产生的植物再生体系。体细胞胚胎发生和器官发生通过直接或间接再生是制定再生方案的最重要平台。虽然体细胞胚胎发生被认为是理想方法，因其从单细胞再生并减少转基因植株的嵌合现象，但在大麻中很少实现。

尽管近年来大麻离体细胞和组织培养研究取得一定进展，但高效大麻再生仍然是生物技术应用于大麻改良的主要障碍之一。影响大麻离体培养体系的因素包括基因型、外植体（类型、大小、年龄）、植物生长调节剂种类和浓度、培养基（胶凝剂、碳水化合物来源、营养素种类和浓度、维生素种类和浓度、培养基 pH 值）、添加剂（纳米颗粒、酪蛋白水解物、活性炭和间苯三酚等）种类和浓度、容器种类和体积、培养条件（温度、光周期和光源的强度和质量）等。目前，大多研究考察植物生长调节剂（PGRs）及外植体类型和基因型对大麻微繁的影响，对其他因素研究较少。下面将根据近年发表的论文总结改进体外培养方案的策略。

在植物组织培养系统中，调节 PGRs 和添加剂，尤其是平衡生长素和细胞分裂素为常规实验，因为生长素/细胞分裂素比例往往是钙化、器官发生、胚胎发生和根系发生所必需的。大多数大麻微繁殖研究已调查常见生长素（如 2，4-D、NAA、IBA 和 IAA）和细胞分裂素（如 BAP、KIN、mT 和 TDZ）对离体再生影响。但一些较少使用的添加剂，如一氧化氮（NO）、多胺和纳米颗粒，在其他植物物种（如拟南芥、甜叶菊、亚麻和小麦等）中显示较好结果。NO 被归为新植物激素，在不同生物过程发挥关键作用，尤其细胞分裂、形态发生、器官发生、根系发生和植物防御机制。研究表明，外源 NO 和/或硝普钠对不同植物愈伤组织发生、不定芽再生和根分化具有积极作用；多胺在器官发生和不定芽再生中起关键信号作用；在培养基中添加纳米颗粒（如 TiO_2、Ag、Zn、ZnO、石墨、碳纳米管、量子点和聚合物树枝状聚合物）可以抑制活性氧和乙烯产生，改变基因表达和抗氧化酶活性，从而促进愈伤组织发生、器官发生、体细胞胚胎发生和根系发生。因此，纳米颗粒的应用可作为一种提高大麻体外再生能力的有效途径。

培养基组成，包括胶凝剂、碳水化合物、添加剂（如 PGRs、药用活性炭、间苯三酚和纳米颗粒）、基础盐和维生素，是组织培养方案中最重要组成部分，通常为微型繁殖和再生研究重点。通常培养基可分为半固体或液体培养基。虽然胶凝剂浓度对再生效率有显著影响，但对不同类型和浓度胶凝剂再生效率比较的研究尚未报道。碳水化合物对许多培养物必不可少，有许多不同来源（蔗糖、葡萄糖、果糖和麦芽糖等）。蔗糖、葡萄糖和果糖作为最重要的碳水化合物在不同植物离体形态发生反应中的作用已被广泛研究。虽然蔗糖在一些植物（如小叶章、三叶无患子和红松等）离体器官发生和胚胎发生中促进作用最大，但其他植物（如葡萄、甘蓝型油菜和菊花等）对葡萄糖和果糖离体形态发生反应较好。因此，研究不同碳水化合物源对大麻微繁影响很必要。

维生素和基础盐是培养基主要成分，也是影响不同物种或植物器官离体形态发生的主要因素。MS 基本培养基已广泛用于大麻微繁殖。而 MS 培养基组成最初是用来分析烟草组织灰分。最近，Page 等（2021）报道在 MS 培养基上培养的植物表现出较多生理缺陷，DKW 基础盐效果更佳，DKW 基础盐还促进叶片外植体产生更大愈伤组织。综上所述，MS 盐对大麻茎段和愈伤组织生长不是最佳，但 Page 等还指出，在 DKW 基础盐上培养的植株仍表现出一些症状，并且有改善可能，且无报告再生情况，因此 DKW 是否适合这种应用尚未明确。

研究表明，内源 PGRs 基因表达模式以及内源和外源 PGRs 之间的平衡对再生效率，特别是在顽固型植株中发挥重要作用。通常，当内源性和外源性 PGRs 之间平衡时，可实现高频再生。Smýkalová 等（2019）也采取类似的方法，开展 UPLC-MS 指导的大麻生长素、细胞分裂素及其抑制剂外源施用效果研究结果表明，离体下胚轴段内含芳香型和游离型细胞分裂素的内源性浓度不明显，但含有高浓度内源性细胞分裂素的 O-葡萄糖苷和核苷碱基。以上研究突出大麻强烈的顶端优势，代表未来研究的前瞻性模式。继续开展此类生化和分子研究将证明克服大麻对离体再生的顽固性势在必行。

外植体类型、位置、大小、方向和外植体生理状态对微繁殖起关键作用，外植体来源（即试管外和试管内）也会对再生产生影响。通常，试管内外植体比试管外外植体具有更高再生潜力，因为试管内外植体具有多能性，并且已经适应了体外条件。但是，目前还没有比较试管内、外大麻外植体再生潜力的研究。外植体类型（如子叶、叶片、节和根等）也影响植株再生能力，这主要是因内源植物激素水平存在差异。另外被忽视的因素是外植体方向，它会影响外植体起始部位、极性和再生效率。通常，水平定位外植体比垂直定位外植体再生率高，可能因外植体与培养基接触表面积更大。在大麻中没有报道比较外植体类型、年龄和在离体繁殖中的取向。以上研究将有助于阐明优化此类因素改进大麻再生的方法。

培养条件，特别是光照和温度对再生效率有重要影响。波长、光周期和通量密度对大麻离体形态建成、光合作用和向光性具重要影响，尚待深入研究。温度也会影响光合作用和呼吸作用等不同生物过程，虽然生长室温度一般在20~27℃，但最适温度因基因型而异。尽管光照和温度条件很重要，但截至目前还无此类条件对离体大麻影响的研究，故优化此类条件对提高大麻微繁非常必要。

不同机器学习算法已成功用于预测和优化不同体外培养过程，如芽增殖、愈伤组织发生、体细胞胚胎发生、次级代谢产物产生和基因转化。因此，实验方法和机器学习算法结合可为开发大麻再生方案提供强大而可靠支撑。

虽然无伤口对大麻微繁殖影响的报道，但根据研究结果，愈伤组织通常在伤口部位开始生长，组织伤口可为改善大麻植物再生的一种较佳方法。可通过3个连续阶段组织损伤改善体外器官发生，器官发生受到与组织损伤相关信号刺激，随后，内源性植物激素积累，导致细胞命运转变。

薄细胞层培养是选择薄层组织作为外植体，使受伤细胞与培养基成分紧密接触，最终促进再生，该法用于大麻微繁殖较佳。虽然该法已用于不同顽固植物，如姜花和灰叶剑麻，但尚无薄细胞层培养在大麻中应用的报道，因此有必要进行此方面研究。

生物反应器是大麻微繁殖和研究植物发育的有用工具。使用此类设备可克服大麻基因型对增殖、生根和适应的顽固性。此外，它们还可用于降低大规模持续培养成本。在生物反应器中培养的大麻植物数量稳步增加，并且这些培养系统经常改善植物繁殖体生理状态，也促进光合自养繁殖。

4.11.3 工业大麻毛状根和不定根培养

毛状根培养具有生物合成能力强、生长速度快、生物量积累快、遗传稳定性高、生产成本低等优点。毛状根可以在生物反应器中培养，这样可以扩大规模，生产有用物质。

Sirikantaramas 等（2004）首次尝试在根培养中生产大麻素，其使用烟草毛状根培养，然而，当时还没有有效的大麻改性方案。他们从麻醉品种中分离出四氢大麻酚酸（THCA），并对其cDNA进行了克隆和测序，以花椰菜花叶病毒pBI121质粒为载体，利用根瘤菌（15 834株）转化烟草毛状根，转化后的根培养物能够表达四氢大麻酚酸合成酶THCAS，并将外源添加的CBGA转化为THCA，最大转化率仅为8.2%，在培养基中发现了近一半THCA，表明根系对CBGA积极摄取。Farag和Kayser（2015）描述从愈伤组织培养中建立不定根的方案，通过在B5固体培养基中添加生长素（NAA、IBA、IAA）诱导愈伤组织产生不定根，在黑暗条件下，添加4mg/L的NAA，可获得令人满意的生长和根系分化，其他生长素不刺激根系生长。随后，将根尖转移到液体培养基（1/2 B5）中，并持续添加生长素（IAA、IBA、NAA），并在摇瓶器上培养，所获得的毛状根培养基需要不断添加生长素（NAA或IAA）。高效液相色谱分析显示，大麻素产量最高时为THCA 1μg/g干重、CBGA 1.6μg/g干重和CBDA 1.7μg/g干重。28d后大麻素的合成减少。虽然根培养能够合成大麻素，但其效率低于2μg/g干重。这些结果并不意外，因大麻素通常在毛状体中产生，而在根组织中没有发现，这种方法可能不适合大麻素产生。通常，许多化合物需要分化的组织才能有效生产。Moher等（2021）研究表明，离体植物对光周期有响应，并发育出“正常”花朵。虽然这些花的大麻素含量尚未被检测，但其产生的水平可能远远高于未分化组织或根。因此，这可作为体外生产大麻素的另一种方法，但还有待研究。Feeney等（2003）为促进根系收获和加工，建立气培（AP）和气培诱导培养（AEP），并与土壤栽培植物（SP）比较。结果，在AP和AEP中观察到显著增加的植物生长，特别是根的生长以及上述根的生物活性分子总含量的显著增加（在β-谷甾醇的情况下高达20倍）。总之，气培技术是一种简单、标准化、无污染的栽培技术，有助于根系收获、加工及其次级生物活性代谢物大量生产，可用于促进健康和保健产品生产。

4.11.4 工业大麻细胞培养

20世纪80年代首次尝试体外生产大麻素，结果愈伤组织培养中CBD和橄榄醇转化为大麻素。愈伤组织从补充2,4-D和KIN的MS和B5培养基的幼叶开始。然而，大麻素生产效率低下且不稳定。在不添加外源性前体（CBGA）情况下，愈伤组织不能产生大麻素。随后研究表明，未分化愈伤组织，即使是来自花朵的愈伤组织，也不能合成大麻素。Flores-Sanchez等（2009）发表了一项在细胞悬浮培养中同时使用生物和非生物激发子的诱导研究。尽管使用不同类型激发子（真菌提取物：无花腐霉和灰霉病菌，信号化合物：水杨酸、茉莉酸甲酯、茉莉酸，金属盐：$AgNO_3$、$CoCl_2·6H_2O$、$NiSO_4·6H_2O$，UVB），但大麻素生物合成并未得到增强。THCA 合成酶基因表达分析表明，只有在含有叶、花等腺毛的大麻植株组织中，才存在 THCA 合成酶 mRNA。无腺毛苞片或根中未发现 THCA 合成酶基因表达。

以上结果表明，大麻素生物合成与组织器官特异性发育和复杂基因调控网络完全相关，只有在分化的花组织中最丰富的毛状体才能高效产生。如 Gabotti 等（2019）报道用茉莉酸甲酯激发子结合酪氨酸前体培养大麻细胞，可提高酪氨酸氨基转移酶（TAT）和苯丙氨酸解氨酶（PAL）活性和表达。芳香族化合物如 4-羟基苯基丙酮酸（4-HPP）也被鉴定出来。这与从大麻中分离出具有高度生物活性黄酮类化合物有关。

在生物反应器中生产代谢物为快速且无争议获取大麻素的方法。为此，培养愈伤组织和细胞悬浮培养物，并用各种因素诱导。然而，它们不能产生大麻素，因为 THCA 生物合成与器官发育和组织分化有关。从转基因烟草愈伤组织中获得少量 THCA。然而，生物合成需要添加 CBGA，与其他异源系统相比，效率较低。但是细胞悬浮培养仍可用于生产萜类、多酚、木脂素和生物碱等次生代谢产物。

4.11.5 工业大麻原生质体培养

几十年来，植物原生质体一直被用于遗传转化、细胞融合、体细胞突变，最近还被用于基因组编辑。在利用原生质体进行遗传研究方面，其他作物已经取得重大进展，但大麻研究还处于发展阶段，转基因原生质体存活和植株再生适宜条件还有待优化。已经报道至少 4 个不同大麻品种叶肉原生质体分离和转化。Piunno 等（2019）研究表明，只有大约 4%原生质体在液体培养中存活 48h，植物没有再生。Beard 等（2021）描述原生质体转化技术在低 THC 大麻品种瞬时基因表达研究的应用。为制备外植体组织作为原生质体来源，建立一种无激素离体微繁殖方法。从微繁殖砧木幼叶分离出原生质体，并用携带荧光标记基因质粒 DNA 瞬时转化，此为该种原生质体转化的首次报道。每克叶片原生质体分离率高达 $2×10^6$ 个细胞，活力染色显示高达 82%的分离原生质体存活，荧光蛋白表达细胞定量检测表明高达 31%的细胞可成功转化。此外，用生长素反应报告基因转化原生质体，并用流式细胞术测定对吲哚-3-乙酸处理的反应。该项工作表明，对标准技术进行相对较小修改可用来研究重要新兴作物。虽然有关于大麻原生质体分离的研究，但尚无关于原生质体介导植株再生的报道。

4.11.6 体细胞无性系变异

以往的大麻组织培养研究集中于优化培养条件以提高大麻微繁殖率。然而，体外繁殖可能不是保持再生基因型遗传完整性最佳条件。事实上，培养基组成、PGR、高湿度、继代培养次数、培养期长度、温度、光质和光照强度等体外条件最终会导致微繁殖植物部分发育和生理畸变。“体细胞无性系变异”是指在微繁殖植物中检测到的任何表型变异，由染色体镶嵌和自发突变或组蛋白修饰（例如组蛋白甲基化和组蛋白乙酰化）、DNA 甲基化和 RNA 干扰等表观遗传调节产生。

根据微繁殖实验目的，体细胞无性系变异具有自身优点和缺点。如果微繁殖目的为繁殖、增加多样性和产生新变异，那么体细胞无性系变异可被认为有益事件。另外，如果微繁殖目的为产生真正类型克隆，则体细胞无性系变异可被视为障碍。

尽管大麻组织培养研究表明再生大麻植物在表型上与母植物相似，且遗传稳定，突变率较低，但其使用低分辨率分子标记，如简单重复间序列（ISSR）分子标记，导致仅在特定基因组区域检测体细胞无性系变异。Adamek 等（2022）利用深度全基因组测序来确定个体大麻品种“蜂蜜香蕉”不同部位内体细胞突变的积累。他们鉴定大量植物内遗传多样性，此类遗传多样性可能影响克隆系长期遗传保真度，并可能促成表型变异。在未来研究微繁殖大麻突变率时，需要将基于基因测序技术的新方法与表观遗传学研究相结合。

4.11.7 工业大麻遗传转化

利用生物技术识别、表征和应用遗传变异性的能力是分子育种基础。对于非特征等位基因遗传研究，有正向和反向遗传学方法。随测序技术进步，利用反向遗传工具遗传转化已成为分子育种的优势。虽然大麻对基因转化和组织培养具顽固性，但已有报告描述大麻基因转化和再生方法。基因组编辑具有开发重要大麻素生物合成基因的敲除突变体潜力，如 THCA 合成酶、CBDA 合成酶和 CBGA 合成酶。已有的报道均采用农杆菌介导的基因转移系统，并显示出成功的基因转移，但再生频率很低，甚至没有。Feeney 和 Punja

(2003) 证明细胞水平的转化成功，但没有成功再生。类似地，Wahby 等 (2013) 应用了发根曲霉菌株（A4、AR10、C58 和 IVIA251），并可在来自下胚轴和子叶节的外植体上诱导毛状根；然而，植株再生也成为瓶颈。有两项专利信息声称大麻的基因组改造和再生成功，但描述有限。虽然不同研究已在大麻中实现基因转化，但只有一份关于转基因植物再生的报告。因此，有必要制定一个优化方案，使大麻的转化和再生能够在不同物种间复制。

4.11.7.1 瞬时遗传转化

目前已经开发多种用于瞬时遗传转化的分子工具，包括病毒诱导基因沉默（VIGS）。VIGS 是一种 RNA 介导的转录后基因沉默（PTGS）技术，用于在相对较短时间内研究基因功能，一旦在物种中建立 VIGS 方案，需要 3~6 周时间才能观察到体内测试基因的功能丧失表型，因此，该法用于创建稳定转化之前定义目标基因功能。最近，利用棉花皱叶病毒（CLCrV）在大麻中建立 VIGS 系统，证明八氢番茄红素脱氢酶（PDS）和镁螯合酶亚基 I（ChlI）基因功能丧失表型。尽管功能缺失表型很弱，但为探索大麻未知基因功能奠定了基础。据报道，大麻中存在病毒病原体和迄今开发的许多病毒载体，烟草响尾蛇病毒（TRV）是其中一种，在双子叶植物物种中具有广谱宿主范围（超过 400 种植物物种），鉴于 TRV 也能感染大麻，可能表现出比 CLCrV 病毒载体更显著的表型缺失。

Ahmed 等（2021）证明一种有效瞬时纳米颗粒介导的大麻遗传转化方法，纳米颗粒可通过被动扩散将 DNA 携带至大麻细胞核。该法可实现基因瞬时表达，并可用于多个质粒共转化大麻叶组织，很多质粒可共嫁接到 PEI-Au@SiO_2纳米颗粒上。

4.11.7.2 稳定遗传转化

功能基因组学不同研究领域和应用中，瞬时和稳定转化均有益。稳定基因转化为应用首选，因为如果基因修饰在植物系统中固定即可遗传。基因功能改变的优势可世代受益。由于 CRISPR/Cas9 介导的基因编辑成功用于多个植物物种，因此在大麻中采用这一新开发的分子工具对改善经济上重要的植物物种至关重要。CRISPR 可以精确改变基因在基因组中的功能。它对基础和应用植物生物学的研究和开发都具巨大潜力。因此，在大麻作物中建立该技术对数千个未知基因功能研究和新品种开发至关重要。Zhang 等 (2021) 利用 CRISPR/Cas9 系统敲除八氢番茄红素脱氢酶基因，并成功培育 4 株具白化表型的编辑过的大麻植株，此为工业大麻基因首次实现稳定编辑，标志着工业大麻分子育种领域的重大突破。可见，新生物技术方法，如基于 CRISPR/CAS 平台的碱基编辑和原始编辑，将扩大大麻合成生物学和基础研究的工具箱。

4.11.7.3 农杆菌介导的遗传转化

（1）农杆菌菌株类型。农杆菌菌株选择是基因转化中最重要因素之一。Feeney 和 Punja（2003）采用根癌杆菌 EHA101 获得可接受的转化效率（15.1%～55.3%）。Wahby 等（2013）使用 3 种根癌农杆菌菌株，包括 LBA4404、C58 和 IVIA 251，以及 8 种根瘤农杆菌菌株，包括 476、477、478、A424、AR10GUS、A4、AR10 和 R1601，在不同基因型大麻中建立毛状根培养，结果表明，基因型对农杆菌菌株反应不同，AR10GUS、R16、IVIA251 和 C58 菌株转化效率分别为 43%、98%、33.7%和 63%。通常，大麻基因转化频率不仅取决于农杆菌菌株，还取决于大麻基因型，包括对感染敏感性和再生转基因组织潜力。Deguchi 等（2020）比较几种大麻基因型转化效率，其中包括 Ferimon、Fedora 17、USO－31、Felina 32、Santhica 27、Futura 75、CRS－1 和 CFX－2，使用不同的根癌农杆菌菌株，包括 LBA4404、GV3101 和 EHA105，发现部分基因型转化效率较高（>50%），在 CRS－1 基因型中观察到最大 GUS 表达，而 GV3101 获得最高转化频率。在另一项研究中，Sorokin 等（2020）研究根癌农杆菌 EHA105 转化不同大麻基因型（Candida CD－1、Holy Grail CD－1、Green Crack CBD 和 Nightinga）的潜力，并获得较高转化效率（45%～70.6%）。对农杆菌菌株的不同反应并非大麻所独有，有文献证明，不同农杆菌菌株转化不同顽抗植物（如玉米）能力不同。因此，有必要研究更多菌株，以获得高效菌株，用于高频基因转化体系建立。

（2）外植体侵染及共培养。外植体生理条件和来源在农杆菌介导的基因转化中起关键作用。不同外植体，如茎尖和下胚轴，已被用于大麻基因转化。大多数研究使用试管苗不同部位。Feeney 和 Punja（2003）使用来自大麻茎和叶段的愈伤组织细胞研究农杆菌介导的基因转化。在另一项研究中，Wahby 等（2013）使用生长 5d 的大麻试管苗不同部位，包括下胚轴、子叶、子叶节和初生叶进行基因转化，并报告从下胚轴片段获得最佳基因转化结果。Sorokin 等（2020）利用生长 4d 的大麻试管苗子叶和真叶进行基因转化。Deguchi等（2020）报道一种成功基因转化方法，该方法使用来自生长 2 个月的大麻试管苗的雌雄花、茎、叶和根组织。

共培养时间和农杆菌接种浓度（光密度）对基因转化成功有重要影响。Feeney 和 Punja（2003）建议 3d 共培养，OD600nm 在 1.6~1.8 时用于愈伤组织细胞的基因转化。在另一项研究中，不同外植体共培养 2d。Sorokin 等（2020）建议对大麻试管苗不同部位进行 3d 共培养和 OD600nm 在 0.6 时的基因转化。

通过向共同培养基中添加柠檬酸钠、乙酰丁香酮和甘露糖等化合物，可提高大麻的农杆菌感染效率。Feeney 和 Punja（2003）表明，在共培养基中使用 100μmol/L 乙酰丁香酮和 2%甘露糖进行大麻基因转化时，农杆菌感染增加。Wahby 等（2013）研究不同浓度的乙酰丁香酮（20μmol/L、100μmol/L 和 200μmol/L）、蔗糖（0.5%和 2%）、柠檬酸钠（20mmol/L）和 2-N-吗啉乙磺酸（MES）（30mmol/L）对大麻基因转化的影响，并报告不同化合物对农杆菌感染效率影响很小，20μmol/L 乙酰丁香酮效果最好。另外，Deguchi 等（2020）在大麻基因转化中应用 200μmol/L 乙酰丁香酮、2% 葡萄糖和 10mmol/L MES 提高菌株毒力。Sorokin 等（2020）还报告在共培养培养基中使用 100μmol/L 乙酰丁香酮进行大麻基因转化，从而提高农杆菌可感染性。

（3）选择标记。虽然卡那霉素是转基因大麻细胞和组织的主要选择剂，但其他抗生素，如大观霉素、利福平和氯霉素，也已成功用于选择转化的大麻细胞和组织。然而，由于不同组织和基因型对不同抗生素反应可能不同，因此有必要研究其他抗生素对大麻基因转化的影响。例如 Sorokin 等（2020），Feeney 和 Punja（2003）使用大观霉素和卡那霉素抗性基因作为农杆菌载体中的选择标记。Wahby 等（2013）使用携带卡那霉素、羧苄青霉素和利福平耐药基因的农杆菌载体转化大麻。Sorokin 等（2020）也在农杆菌载体中使用卡那霉素和利福平耐药基因。此外，Deguchi 等（2020）将氯霉素抗性基因视为农杆菌载体中的选择标记。双 T-DNA 二元载体也已成功用于产生无标记转基因植物。有望用于产生无标记转基因大麻，并减轻科学和公众对将转基因产品的除草剂和抗生素抗性基因分散到环境中的担忧。

（4）消除嵌合体。同时具有非转化和转化细胞和组织的嵌合组织的再生是开发不同植物稳定的基因转化系统最关键挑战之一，因此，有必要消除嵌合细胞并仅再生转基因细胞。Feeney 和 Punja（2003）利用磷酸甘露糖异构酶（PMI）选择策略研究基因转化频率和嵌合体，该策略基于培养基中糖（甘露糖）的存在，比较两种转化程序，包括 1%甘露糖和 300mg/L 特美汀（处理

1）与2%甘露糖和150mg/L特美汀（处理2），研究表明，处理1无法区分非转基因细胞和转基因细胞，因此，建议处理2用于大麻基因转化。Wahby等（2013）比较两种基因转化程序的转化性能和嵌合体，复合培养基MI1（100μmol/L乙酰丁香酮，0.5%蔗糖，30mmol/L MES）和MI2（200μmol/L乙酰丁香酮，2%蔗糖，20mmol/L柠檬酸钠），并报道此类培养基不能从非转基因组织中完全检测到转基因组织。转化系统中的嵌合体并非大麻独有，许多物种均存在，并且高度依赖于再生系统。今后，开发一个高效的基于体细胞胚胎发生的再生系统对缓解该问题至关重要。

（5）启动子和翻译增强子。使用花椰菜花叶病毒35S RNA（CaMV35S）启动子和β-葡萄糖苷酸酶（GUS）报告基因时，观察到GUS活性。Deguchi等（2020）在CaMV35S启动子和OCS终止子控制下，使用含*eGFP*基因和*uidA*基因的pEarleyGate 101载体分析GFP荧光和GUS染色。此外，Sorokin等（2020）报告，当pCAMBIA1301载体中的GUS基因受CaMV35S内含子控制时，转基因大麻GUS活性最高。虽然未来研究将建立更有效的组织/年龄特异性启动子，但现有启动子通常对大麻有效。

4.11.7.4 提高基因转化效率的策略

尽管在过去几年中大麻基因转化取得进展，但有效的转基因再生仍为研究瓶颈。表达和导入转基因以及再生新生芽或胚胎的能力是生产转基因大麻的两个重要障碍。最近研究证实，大麻细胞可以有效转化；然而，截至目前只有一例关于转基因大麻再生成功的报告。据报道，与调节植物生长和发育相关基因的应用，如WUSCHEL（WUS）、Baby Boom（BBM）和生长调节因子（GRF）单独或与GRF相互作用因子（GIF）结合使用，有望提高植物再生效率。通过此种方式，参与分生组织维持、体细胞胚胎发生或植物激素代谢基因的异位过度表达，可用于克服顽抗植物的再生障碍。涉及分生组织维持、体细胞胚胎发生和植物激素代谢的基因已在不同的植物中被发现。因此，以上研究为体外植物再生和农杆菌介导的顽抗物种基因转化研究提供新途径。该法缺点为形态发生基因具有不利的多效性影响，应从转化或编辑的植物中去除。为了克服目前大麻组织培养和转化植株成功再生障碍，可将形态发生基因作为基因转化靶标，并通过宿主瞬时和可诱导的基因表达来控制形态发生基因异位表达的副作用。

5　分子标记研究现状与进展

5.1　分子标记技术概述

遗传标记是表示遗传变异的有效手段，主要有形态标记、细胞学标记、生化标记和分子标记4种类型。分子标记是DNA水平遗传变异的反映，与前3种标记相比，分子标记有以下优点：一是以DNA为研究对象，取材范围广泛，在物种的各个组织、器官和发育的不同阶段均能检测，不受环境和季节的限制，与目的基因的表达与否及性状优劣无关；二是大多数分子标记为共显性标记，能鉴别出纯合与杂合基因型；三是标记数量丰富，能够覆盖整个基因组，标记灵敏度高，检测效率较高；四是分子标记多态性高，遗传变异在自然界中广泛存在着，因此无须对遗传材料进行特殊处理，方便快捷。

5.2　分子标记技术原理及应用

5.2.1　限制性片段长度多态性

限制性片段长度多态性（Restriction fragment length polymorphism，RFLP），该技术是Botstein等1980年最早被应用于遗传研究的分子标记，既能检测基因组DNA，又能够检测核糖体DNA以及叶绿体DNA，结果较稳定，而且是共显性表达。RFLP的原理是检测DNA在限制性内切酶酶切后形成的特异DNA片段的大小，由于酶切位点间的突变、重组、插入或缺失引起了不同基因型之间的DNA序列存在差异，从而产生了限制性片段的长度差异。对DNA进行RFLP分析，酶解后产生的片段量多而复杂，在凝胶电泳谱上连续分布成片而不能分辨，因此，需要先制备一系列单拷贝或低拷贝的DNA探针，将探针与DNA片段杂交，并利用放射自显影在感光底片上成像，可以显示出不同材料对该探针杂交结合的RFLP情况。RFLP标记具有共显性、数量多、稳定性高、重复性好等优点，但是也存在使用同位素、多态性低、技术较复杂、周期长、成本高、所需设备较多等局限性，因此其应用受到了一定程度的限制。

王雪松等（2018）通过建立PCR-RFLP指纹图谱的方法鉴定西洋参和人参，结果发现经酶切后的西洋参显示出80bp和42bp两条基因片段，而人参只显示122bp的单一片段，通过此方法可快速有效鉴定出人参和西洋参。赵仲麟等（2018）利用RFLP标记对川贝母真伪性进行相对定量分析研究，结果表明含量超过10%的真品川贝母都能被稳定检测出来，且通过优化后的方法能相对定量地检测出掺假量。杜明凤等（2012）利用RFLP标记分析研究淫羊藿属植物的遗传多样性，表明淫羊藿属植物的细胞质基因组之间存在微弱遗传差异，且其遗传关系与地理分布关系密切。张琼琼等（2016）基于末端限制性酶切片段长度多态性（T-RFLP）技术对不同水位梯度植物的根际细菌群落多样性特征进行分析，研究结果显示，随着水位梯度的加深，植物根际细菌群落多样性呈减少趋势，不同生态型植物根际泌氧能力降低，进而抑制根际好氧细菌的生存。到目前为止，尚未见工业大麻关于RFLP技术应用的报道。

5.2.2 随机扩增多态性DNA

随机扩增多态性DNA（Random amplified polymorphic DNA，RAPD），该技术是一种基于聚合酶链式反应（Polymerase chain reaction，PCR）技术开发的分子标记技术。RAPD以一系列人工合成的、随机寡核苷酸序列为引物（8~10bp），通过PCR技术对所研究的目的基因组DNA进行体外扩增，扩增产物通过琼脂糖或聚丙烯酰胺凝胶电泳分离，由溴化乙锭（EB）染色或银染，在紫外透射仪上检测扩增DNA片段的多态性。由于不同基因型的DNA与引物具有不同的结合位点，因而获得差异扩增产物。RAPD标记具有检测灵敏度高、简便、快速、DNA用量少的优点，可以对无任何背景资料的检测模板进行分析。但由于RAPD引物较短，环境及实验条件很容易影响PCR扩增结果的稳定性和重复性，其重现性较差，另外，RAPD是一个显性标记，不能鉴别杂合子和纯合子，也限制了RAPD技术的应用。

关于RAPD技术用于大麻性别标记的研究较多，为工业大麻雌雄植株鉴定提供理论依据。大多数研究都是从随机引物中扩增得到的 RAPD 分子标记雄性特异带，通过克隆和序列分析转化为重复性和特异性更好的特征序列扩增区域（Sequence characterized amplified regions，SCAR）分子标记。例如李仕金等（2012）从 200 条随机引物中筛选出能在大麻雌雄株间产生差异的 RAPD 引物，结果显示，引物 S208 扩增得到的一条与大麻雄性相关的大小为 429bp 的 DNA 分子标记特异性条带最明显，且稳定性高。根据测序结果，合成了两条 SCAR 标记引物，该 SCAR 标记不仅可以对已知性别的花期的大麻雌雄植株进行准确鉴定，还可以对未知性别的幼苗期的大麻雌雄植株进行鉴定。姜颖（2019）利用 42 条 RAPD 随机扩增引物分析工业大麻品种火麻一号组成的雄性或雌性 DNA 池（DNA pool），结果显示，引物 OPV-08 扩增得到一条大小为 869bp 与工业大麻雄性相关的特异条带。根据测序结果，合成了两条 SCAR 标记引物，该 SCAR 标记不仅可以对工业大麻雌雄异株材料花期已知性别的雌雄植株进行准确鉴定，还可以对幼苗期未知性别的大麻雌雄植株进行鉴定，也可对雌雄同株材料可能出现的雄化进行早期鉴定。这不仅为工业大麻早期性别鉴定提供基础，也为减少雌雄同株材料的雄化提供支撑。

通过 RAPD 方法也可以对大麻进行遗传多样性的分析，为野生大麻的利用和工业大麻品种改良提供参考依据。张利国（2008）采用 RAPD 技术对 27 个大麻品种进行了分类研究。从 300 个 10bp 随机引物中筛选出 34 个扩增效果较好的引物进行扩增，共产生 261 条带，其中 233 条为多态性带，占 89.27%，根据扩增结果构建反映品种间亲缘关系的 UPGMA 聚类图，27 个品种可划分为三大类。汤志成等（2013）以中国 12 份野生大麻种质及 4 个对照栽培品种为研究对象，通过田间栽培实验，调查叶长、叶宽和叶柄等 11 个表型性状，并采用 CTAB 法提取大麻基因组 DNA，分析了其表型性状及 RAPD 标记位点的多态性，应用最长距离法（Farthest neighbor）和非加权组平均法（UPGMA）分别构建了表型及 RAPD 聚类图。结果表明，野生大麻表型变异非常丰富，11 个表型在不同种质资源间的差异性均达到了极显著水平，其中变异最大的为千粒重，变异最小的为有效分枝数；14 条 RAPD 引物共扩增出 106 条条带，其中 79 条为多态性条带，多态性比率为 74.52%。基于 RAPD 聚类分析，16 份大麻种质资源同样分为 3 个类群，总体上呈现地域性分布，但野生大麻和栽培大麻并未区分开，云南、新疆的种质资源聚为一类，东北、华北的种质资源聚为一类，西藏种质资源单独聚为一类。研究表明，我国野生大麻种质资源具有复杂的遗传多样性，应该结合表型和遗传位点综合分析。

5.2.3 扩增片段长度多态性

扩增片段长度多态性（Amplified fragment length polymorphism，AFLP），该技术是荷兰科学家 Zabeau 和 Vos 发明的以 RFLP 和 PCR 相结合的一种 DNA 分子标记技术。AFLP 技术的原理是对基因组 DNA 进行限制性酶切片段的选择性扩增。具体过程是将基因组 DNA 进行限制性内切酶酶切，将酶切片段与接头（Adapter）连接，形成带接头的特异片段，通过接头序列与 PCR 引物的识别，扩增出特异性片段，最终利用聚丙烯酰胺凝胶电泳进行分离，银染或放射自显影进行检测。它结合了 RFLP 和 RAPD 技术的优点，既有 RFLP 的可靠性，也具有 RAPD 的简便性，DNA 用量少，可以在不需要预先知道 DNA 序列信息的情况下，短时间内获得大量的信息，所以 AFLP 被认为是一种十分理想的、高效的分子标记技术。其缺点是成本高，对 DNA 模板的质量要求高，操作也较复杂。

AFLP 分子标记技术的优势，一是无 Southern 杂交过程，流程简洁，容易实现程度较高的自动化及标准化；二是克服了 RAPD 不稳定及 RFLP 检测位点较少的不足，科学性及重复性好，分辨率高且假阳性低；三是可以在较少的基因组且其基因组序列所含信息未知的前提下获取较为详细且准确的检测结果；四是可以检测低丰度表达的 mRNA，准确反映基因间表达量的差异；五是每个酶切片段经电泳过程可获得 50~100 个遗传标记，即使所用材料遗传信息近似，仍能显示多态性，其多态性的优势使其成为指纹图谱技术的常用技术；六是具有孟德尔方式遗传的共显性。AFLP 分子标记技术在微生物、植物的遗传多样性研究中得到广泛的应用，在生物的亲缘关系鉴定、连锁分析、基因定位及基因作图等专业领域发挥着重要的作用。

5.2.3.1 AFLP 技术的类型

单酶切 AFLP（SE-AFLP）：采用单限制性酶对基因组 DNA 或 cDNA 进行消化连接，再进行选择性扩增，扩增产物在琼脂糖凝胶电泳后分离检测，快速而且重复性好。

二次消化 AFLP（SD-AFLP）：先采用单一限制性内切酶如 Mse Ⅰ 消化基因组 DNA 或 cDNA 并连接接头，再用无选择性碱基 AFLP 引物进行扩增，扩增产物经对甲基化敏感的内切酶如 Pst Ⅰ 进行二次消化，再连接接头，然后用带有选择性碱基的 AFLP 引物进行第二次扩增，也能够得到很好的扩增效果。

三酶切 AFLP（TE-AFLP）：与传统 AFLP 相似，但 TE-AFLP 是采用两种低频切点内切酶和一种高频切点内切酶混合酶切，产生 6 种具有不同黏性末端的限制性片段，只用与带有低频切点酶所切片段的黏性末端的人工接头连接，再用带有 1~2 个选择性碱基的引物进行 PCR 扩增。因此，只有既能与接头黏性末端配对又能与引物的选择性核苷酸配对的限制性片段才能得到扩增。TE-AFLP 保留和发展了常规 AFLP 的优点，克服了常规 AFLP 的缺点，具有可靠、经济、快速和方便的特点。

互补 DNA-AFLP（cDNA-AFLP）：将 AFLP 技术应用 mRNA 表达差异分析，发展一种 mRNA 指纹图谱技术，即 cDNA-AFLP 技术。原理是将分离纯化的 mRNA 反转录成 cDNA 第一链，再以第一链为模板合成双链 cDNA，然后以此双链 cDNA 为模板进行酶切连接、预扩和选扩，最后找到差异表达的片段。该方法比较灵敏和可靠，较多应用于基因的差异表达分析以及差异表达基因的克隆，但该法又有不易分离到全长序列等特点。

5.2.3.2 AFLP 对大麻品种鉴定及遗传多样性的研究

随着技术的不断完善和发展，AFLP 技术已广泛应用于植物种质鉴定、遗传多态性检测等方面的研究。AFLP 标记多态性强，利用放射性标记在变性的聚丙烯酰胺凝胶上电泳可检测到 50~100 个扩增片段。

有研究利用 AFLP 分子标记检测 3 个纤维大麻品种和一个毒品大麻品种间的遗传差异。通过 10 对引物共扩增出 1 206 条条带，并且其中 88%具有多态性。18 条特异带可用来区别纤维大麻和毒品大麻。通过实验得出了 3 点结论，一是建立了栽培品种的共同特异序列，并可用来与毒品大麻相区别；二是能够通过 AFLP 分子标记来判断缴获的大麻品种的来源及产地；三是能从合法栽培的大麻中鉴定出潜在的、非法种植的大麻。这种遗传标记方法已经在加拿大、欧洲被用于法证检测。

郭佳等（2008）利用多态性好的 AFLP 引物标记对大麻品种进行筛选。选用 55 对引物组合对 12 个大麻地方品种进行初筛，选出 5 对多态性好的引物组合进行了遗传多样性研究。每对 AFLP 引物组合扩增出 47~76 条条带，共获得 285 条条带，其中多态性条带为 99 条以及 10 条品种特异带，说明 AFLP 对大麻具有很高的分辨率。胡尊红等（2012）对 13 个不同来源的大麻群体进行遗传多样性分析，结果显示，云南地区的大麻群体具有最高的遗传多样性水平，其次为黑龙江群体。各群体间的遗传一致度在 0.655 6~0.925 8，其中四川群体和广西群体间具有最高的遗传一致度，云南群体与贵州群体和四川群体间遗传一致度分别为0.919 6、0.917 3。所有群体中甘肃群体和山西群体遗传一致度最低为0.655 6，说明大麻种内具有较大的遗传变异。这些研究表明利用AFLP对大麻品种进行鉴定及遗传多样性分析是可行的，为今后深入地研究大麻植物遗传奠定了良好的基础。

5.2.3.3 AFLP对大麻性别连锁标记分离的研究

通过分子标记技术比较大麻雌雄基因组差异可以获得雌雄单性性别形成的有效信息，其中AFLP标记由于多态性稳定性好也广泛用于大麻雌雄异株植物性别相关的研究。

利用AFLP分子标记，将8个EcoRⅠ-NNN和8个MseⅠ-NNN组成64对引物，对大麻10个品种混合组成的雌、雄植株基因池进行筛选，并将筛选到的引物在此10个品种中进行验证，引物E-ACT/M-CTA在10个品种的雄株中均扩增出1条特异条带，雌株中均没有此带，对此引物扩增得到的特异性条带回收、克隆、测序，获得1条大小为348bp的雄性特异性条带，得到的序列进行GenBank序列比对，数据库中没有与此特异条带同源的序列。该条特异条带可作为分子遗传标记用于大麻早期性别鉴定的参考。

为建立一种大麻早期性别筛选及鉴定方法，利用AFLP标记技术，筛选了64对EcoRⅠ-NNN/MseⅠ-NNN引物组合，对11个不同大麻品种雌、雄植株的混合DNA池进行了性别连锁特异性条带的筛选。结果表明，6对引物组合表现出多态性，其中，EcoRⅠ-ACA/MseⅠ-CTG在雄性DNA池中扩增出1条特异条带，经各品种单株DNA验证，该条带只在雄性单株稳定出现，回收、克隆、测序后获得1条可用于大麻早期田间性别鉴定的734bp雄性特异条带。

5.2.4 序列相关扩增多态性

序列相关扩增多态性（Sequence related amplified polymorphism，SRAP），该技术是基于PCR技术的分子标记，它操作简便迅速，成本低，可靠性好，重复性高，既克服了RAPD重复性差的缺点，又克服了AFLP技术复杂、成本昂贵的缺点。它是美国加州大学Li与Quiros博士在2001年开发出来的一种新的标记，主要通过检测基因的开放读码框（ORFs）从而产生中度数量的共显性标记。SRAP使用一对独特的引物对开放读码框进行扩增，是一种无须任何序列信息即可以直接PCR扩增的新型分子标记。该分子标记通过独特的引物组合对 ORFs 进行扩增，正向引物含 17 个碱基，针对基因中富含 GC 的外显子扩增。反向引物为 18 个碱基，针对富含 AT 的启动子、间隔序列、内含子进行扩增，扩增具有一定的选择性。由于启动子、间隔序列及内含子在不同物种甚至不同个体间差异很大，因而与正向引物搭配扩增出基于外显子和内含子的 SRAP 多态性标记。

现在 SRAP 标记已用于图谱构建、比较基因组学和遗传多样性分析。王晓敏等（2020）应用金针菇的两个菌株，黄色金针菇 Y1701 和白色金针菇 W3082 为作图亲本，采用分子标记以构建高密度的金针菇分子遗传连锁图谱。通过 F_1 代产生的 71 个单孢为遗传连锁图谱作图群体，应用 SRAP、ISSR 和 TRAP 标记引物，利用 PCR 对得到的作图群体进行多态性分析，构建了一张拥有 11 个连锁群以及 125 个标记位点，总长度 860.3cM 的遗传连锁图谱。连锁群平均长度为 78.21cM，最长的连锁群为 132.9cM，最短的连锁群为 16.3cM。多态性标记间最大遗传距离为 38.4cM，最小距离为 0.5cM，连锁图中出现了 6 个大于 20cM 的间隙，标记密度 6.88cM，是迄今以来金针菇遗传连锁图谱相关研究中密度最高的。本研究所获得的高密度遗传连锁图谱有助于金针菇 QTL 定位、分子辅助育种和基因定位的研究。

王晶等（2020）利用 24 组 SRAP 分子标记对山西 13 个主要采集地的 16 份山丹种质进行基因型鉴定与遗传多样性分析。SRAP 分子标记聚类结果表明，16 份山丹种质被分为两大类群，第一类群共 13 份样品，第二类群共 3 份样品，第一类群 13 份山丹种质又可分为 4 个亚群。研究表明，山西境内不同花色间的山丹种质遗传差异性更大，同一花色内山丹种质遗传相似度与地理分布、生境条件紧密相关。本研究开发的 24 组 SRAP 分子标记可以有效区分山西境内山丹种质。通过对山西境内山丹种质进行遗传多样性分析，为山丹的种质资源鉴定与保护、育种应用和分子机理研究提供技术支撑和理论基础。目前为止，关于 SRAP 分子标记在工业大麻领域的应用还未见报道。

5.2.5 简单重复序列

简单重复序列（Simple sequence repeat，SSR），即微卫星 DNA，在真核生物基因组中普遍存在的一种由 1~6 个核苷酸为单元的串联重复 DNA 序列，其中主要以 2~3 个核苷酸为重复单位，如（AC）n、（GA）n、（GAA）n、（TAG）n 等，长度一般在 1 000bp 以内，重复次数一般为 10~50 次。SSR 标记的基本原理为：微卫星串联重复序列两端存在保守的序列，根据这些序列设计特异引物，通过 PCR 扩增和电泳检测后，呈现出扩增片段长度多态性。获得保守序列的途径有两种：一是通过 NCBI（National center of biotechnology information）等数据库进行搜索；二是通过构建 SSR 富集 DNA 文库，经测序后获得，或者直接使用下一代测序技术（Next-generation sequencing，NGS）对基因组、转录组、cDNA 文库等测序后获得。对于测序已完成的物种，可以根据基因组序列，方便快捷地在目标区域设计引物。

SSR 标记为共显性遗传，具有稳定性好、多等位基因、多态性高、数量丰富、基因组覆盖度高和操作简单快捷等优点。SSR 标记具有的特点：一是随机、均匀、覆盖性高；二是两侧顺序常较保守；三是多数简单重复序列无功能作用，其数量变化率较大，导致不同品种之间位点变异较为广泛，其多态性高于 RAPD 及 RFLP 分子标记法；四是具有孟德尔遗传方式的共显性特点，在杂合子和纯合子的鉴定方面发挥着重要的作用；五是对 DNA 质量要求不高。SSR 标记被广泛地应用于各种生物的遗传作图和种质鉴定。但是 SSR 标记也有一些缺陷，主要指 SSR 的引物开发代价较高，需要消耗大量的人力、物力和财力。

表达序列标签（Expressed sequence tag，EST）是开发 SSR 标记的重要资源。信朋飞等（2014）从 NCBI 大麻 EST 数据库中检索到 1 114 个 SSR，分布于 989 条 EST 序列中，占 EST 总数的 7.66%。其中三、六核苷酸重复基元类型居多，分别占 EST-SSR 总数的 39.84%和 34.56%，统计得到三核苷酸重复类型 47 种，六核苷酸重复类型 113 种。利用部分 EST-SSR 序列设计 49 对 SSR 引物，其中 40 对引物有扩增产物，占所设计引物总数的 81.63%。进一步用这些引物对 24 个大麻品种进行多态性检测，29 对引物显示多态性，占可扩增引物的 72.5%。利用部分引物构建了 24 份供试材料的 SSR 指纹图谱。此研究结果证明了基于大麻 EST 信息建立 SSR 标记是一种有效而又可行的方法，并且为这些品种的真伪鉴定和保护提供科学依据。

5.2.6 简单重复序列间区

简单重复序列间区（Inter-simple sequence repeat，ISSR），该分子标记技术利用锚定的简单重复序列为引物，获得大量的微卫星间区的变异。ISSR 分子标记技术是 Zietkeiwitcz 等在 1994 年提出的，是基于简单重复序列发展起来的分子标记技术，此技术结合了 SSR 和 RAPD 分子标记技术的优点，操作简单，具有丰富的多态性、可靠性、可重复性强，引物设计简单、快捷、成本低等优点。缺点是低重现性和有限的引物数量，其为显性标记，不能区分显性纯合与显性杂合。现已广泛应用于种质资源遗传多样性分析、亲缘关系、品种鉴定、品种选育、基因作图、指纹图谱建立等。

2002 年，Mareshige 利用 ISSR 技术对用高压液相色谱（HPLC）无法区别的大麻材料做序列分析。通过 PCR 扩增所产生多态性带型结果的分析说明，通过 ISSR 技术不但能得到利用 HPLC 技术所得到的结果，还能做到 HPLC 技术无法完成的工作（即 HPLC 技术能区别出 THC 含量差别的大麻样品，但无法区别出其 THC 含量相似、CBD 相差较大的大麻样品）。证实了 ISSR 分子标记技术可用于多个大麻品种间遗传距离的分析和亲缘关系的鉴定，同时也为 ISSR 分子标记技术在大麻毒品物证检测上的应用提供了有力的证据。

张利国等（2014）为探寻出更适宜大麻的 ISSR 反应体系，用以研究大麻的遗传多样性，利用梯度实验对 dNTP、Taq DNA 聚合酶、引物的浓度、预变性时间和退火温度 5 个因素进行优化，从而建立了适合大麻的 ISSR-PCR 反应体系。在稳定的 ISSR-PCR 扩增条件下，使用 50 个大麻 ISSR 引物对代表性的大麻材料进行 PCR 扩增，筛选出 14 个适合大麻的 ISSR 引物；同时，为优化大麻染色体的制片质量，对大麻染色体制片过程中的变温预处理、低温提高中期分裂相及解离等具体技术与方法进行了实验，为大麻遗传多样性的多层次化分析提供实验基础。

5.2.7 单核苷酸多态性

单核苷酸多态性（Single nucleotide polymorphism，SNP），该技术是由于单个核苷酸的变异所产生的 DNA 序列多态性。SNP 被誉为继 RFLP、SSR 之后的第三代分子标记，最早由 Lander 于 1996 年提出，主要是指在基因组水平上由单碱基的转换、颠换、插入及缺失所引起的 DNA 序列多态性。根据单碱基变异所在的位置，可以人为地将 SNP 划分为两种：一是分布在基因编码区（Coding region）的 cSNP，其数量较少，但可能导致功能性突变；二是遍布于整个基因组的大量单碱基变异。SNP 标记具有遗传稳定性高、位点丰富且分布广泛、富有代表性、二态性和等位基因性、检测快速、易实现自动化分析的特点。在分子遗传学、药物遗传学、法医学以及疾病的诊断和治疗等方面发挥着重要作用。但是，由于费用较贵，SNP 的应用受到一定的限制。

目前，医学基因组公司已通过测序得到大麻的约 1.31×10^{11} 个原始碱基对，其完整序列的破译指日可待。虽然通过测序获得大量 SNP 位点已在许多农作物中广泛运用，但对大麻的此项研究主要集中在毒品大麻滥用与基因关系的一些 SNP 位点方面，对大麻育种及毒源鉴定甚少。运用 SNP 技术对大麻四氢大麻酚酸（Tetrahydrocannabinolic acid，THCA）合成基因进行分析，成功对 94 份大麻样本（其中包括 10 份未知样本）进行药用型和非药用型的鉴别区分，在完全能区分两者的情况下，也可与其他物种相区分。当前对毒品犯罪中毒品原植物的溯源一直是打击毒品犯罪的关键性环节，而 SNP 技术所具有的基因定位功能使得追溯毒源成为可能。同时基于 SNP 的高度多态性，也为大麻克隆植株的鉴定区分指明新的方向。因此，可以设想，如果今后能通过测序技术研究得到可以把不同地域、不同品种的大麻鉴别开来的 SNP 位点，建立全球大麻数据信息共享，那么追溯毒源将不再是问题。

陈璇等（2018）为揭示中国野生型大麻和栽培型大麻基因组之间的差异，通过全基因组重测序技术对一种野生型大麻（ym606）和一种栽培型大麻（ym224-B）进行全基因组重测序，测序深度 10×，通过与参考基因组（Cansat3_ genome）进行比对，共检测到 2 264 150 个单核苷酸多态性位点（SNPs），研究结果能在一定程度上反映中国野生大麻和栽培大麻在基因组水平的差异，可为下一步构建野生型和栽培型大麻遗传分离群体及开发重要性状分子标记提供理论基础和参考。

6 无融合生殖的进展与应用

6.1 无融合生殖概述

在有性生殖的过程中，两个配子融合成一个合子，合子分裂生长成新的完整个体，随后又通过减数分裂产生配子，亲代提供的遗传物质会发生组合和交换，大量二倍体基因型也由此产生，自然选择则促进了最适合基因型的生存和繁殖。无融合生殖与有性生殖相关联，是一种不同类型的有性生殖，由有性生殖演化而来，却不再通过减数分裂和两性配子的结合就可繁殖后代，称为无融合生殖，由此可得到与母体遗传信息一致的后代。作为有性生殖的一种变型，无融合生殖在一定程度或某些阶段继承了有性生殖的一些特征，如以胚胎发育的形式产生植物种子或动物幼体，在一些植物中还会产生与有性生殖类似的雌配子体——胚囊。因此易于将无融合生殖与其他无性生殖方式区别开来。植物的无融合生殖一般专指由胚珠中的母体组织绕过正常减数分裂过程，直接形成种胚，从而产生无性种子的过程，是一种通过胚或种子进行繁殖的方式，也称无融合结籽。

6.2 植物无融合生殖类型

6.2.1 配子体无融合生殖

胚胎在未经减数分裂产生的胚囊内形成。配子体无融合生殖又分为两种，即二倍体孢子生殖和无孢子生殖。两者的不同点在于二倍体孢子生殖起源于原始生殖细胞，即孢原细胞（$2n$）或大孢子母细胞（$2n$），无孢子生殖胚囊通常起源于胚珠中的体细胞（$2n$），也称为无孢子原始细胞

($2n$)。胚囊中的细胞往往由这些初始细胞减数分裂失败或直接有丝分裂产生，因而得到的都是未减数的胚囊，且胚囊中细胞的排列方式往往与有性生殖近缘种相似，所以均叫做配子体无融合生殖。其中，胚囊里一个未减数的细胞发挥卵（$2n$）的作用，卵在不受精的情况下发育为胚（$2n$），进而长成种子。这两种生殖方式的胚胎都是未减数胚囊中卵细胞孤雌生殖的结果，所以又称为二倍体孤雌生殖，在菊科、蔷薇科和禾本科的植物中尤为常见。另外，无融合生殖物种丧失了有性生殖能力，只能通过无融合生殖产生后代的生殖类型称为专性无融合生殖，而同时能进行无融合生殖和有性生殖则称为兼性无融合生殖。

6.2.2 孢子体无融合生殖

胚由发育中的有性胚囊周围的体细胞产生。胚珠中的生殖细胞经过正常的减数分裂和有丝分裂，产生有性生殖的胚囊后，再经由珠被或珠心的体细胞（$2n$）直接有丝分裂产生一个或多个胚，由此过程形成的胚称为不定胚（$2n$），所以孢子体无融合生殖也叫做不定胚生殖，这种生殖方式下，珠心的一个或多个体细胞直接发挥合子的作用，分裂产生一个或多个胚胎。不定胚生殖存在于许多重要的经济植物中，如柑橘属、杧果属、苹果属、茶藨子属、甜菜属以及禾本科的一些属。香料作物花椒，在自然界中几乎很难找到它的雄性植株，其繁殖后代即是通过不定胚的方式。

6.2.3 无融合生殖胚乳

与有性生殖胚一样，无融合生殖胚能否正常发育为种子通常取决于能否得到胚乳的营养。通常二倍体孢子生殖未减数胚囊中的极核就可自主发育为胚乳（$2n$），而大部分无孢子生殖和不定胚生殖则需要有性生殖胚囊中的极核受精后产生的胚乳（$3n$）为无融合生殖胚提供营养，这类发育方式又被称为假受精。这种情况在芸香科柑橘属的植物中十分常见。不过，花椒不定胚生殖的胚乳则是由有性胚囊中未受精的极核发育而来，说明假受精并不是不定胚发育的先决条件。

6.3 无融合生殖鉴定方法

6.3.1 形态学鉴定

无融合生殖是一种灵活多样的生殖方式，早期无融合生殖鉴定，由于生物技术的限制，大多是通过表型性状来判断。根据无融合生殖独特的后代特性，能够在后代形态上保持一致，或者母体克隆、多胚苗等。由于许多物种都进行兼性无融合生殖，所以性状鉴定存在很多不便，很难从后代中区分真正的无融合生殖种质。在化学药剂诱导玉米的孤雌生殖中，通过田间农艺性状的鉴定，后代农艺性状不发生分离，就达到自交系选育要求。

6.3.2 胚胎学鉴定

由于无融合生殖与有性生殖在生殖类型上的异同，可以通过对生殖发育过程的胚囊进行胚胎学观察，能够明显区别无融合生殖类型及阐述其发育过程。例如谭燕群等（2014）发现在不经过受精的苎麻中，利用胚胎学方法，发现部分功能大孢子可以自发分裂和分化形成完整的胚，发育为种子，证明全雌性苎麻 GBN09 属于兼性无融合生殖，而不是专性无融合生殖。马丹丹（2014）对化学药剂诱导苎麻无融合生殖的诱导过程进行胚胎学观察，发现极少部分处理的大孢子母细胞经过分裂、分化，可能形成完整的种胚，大部分处理植株，雌配子体败育，无种子形成。

6.3.3 细胞学鉴定

细胞学鉴定，即通过鉴定无融合生殖后代的细胞倍性，来识别植物倍性水平。由于有性生殖与无融合生殖都伴随着世代交替，会发生倍性的变化，无融合生殖规避减数分裂，并且化学药剂影响减数分裂，可能会诞生单倍体、混倍体、二倍体、多倍体等多种类型的后代。目前，利用蓖麻根尖染色体压片技术已经成熟。主要的流程为：将诱导后代播种，出苗后取根尖，进行染色体压片并观察染色体数目，染色体数目与正常二倍体或者体细胞染色体数目相等时为二倍体，不相等时，需要通过与正常二倍体染色体数目之间的关系，确定为单倍体还是混倍体。

6.3.4 流式细胞仪鉴定

植物倍性鉴定中，最准确的方法是利用根尖或叶片进行染色体制片，对植物体细胞进行染色体计数，但是由于染色体主要在分裂时才会凝聚，缩短变粗，且染色体制片技术流程烦琐复杂，对制片人员的熟练水平要求较高，对于一些染色体较小，数目较多的物种，获得完整无误的染色体制片难度会更高。流式细胞技术（Flow cytometry，FCM）可以鉴定非整倍体、多倍体，为植物倍性水平分析提供了一种快速、可靠的方法。流式细胞技术最早在医学上用来鉴定癌细胞凋亡，随后在动物中进行细胞周期与细胞凋亡与分选实验。而在植物上可以进行细胞周期实验，来判断细胞倍性。其原理是在特定的压力下，需要检验的悬浮粒子会随鞘液在流体动力学的作用下以单粒子的形式通过照射室，悬浮粒子被不同波长的激光照射，由于悬浮粒子已经被荧光染料附着，会发出散射光和荧光，不同倍性细胞核内 DNA 含量同倍性存在一定的关系，通过将 DNA 含量差异散射光和荧光转变为电信号差异，能够以图形的形成表现出来。在植物倍性鉴定中流式细胞仪所需的样本是单细胞核悬浮液，所以将植物组织去壁处理且制成完整的细胞核悬浮液成为主要的难题。目前，制备单细胞核悬浮液的主要方法是以刀片在裂解液中切割的刀片切割法。但是，对于不同的植物，植物组织中细胞壁及次生代谢产物不同，所需要的解离液也是大不相同的，解离液不合适，会导致渗透压、pH 值、裂解不彻底问题，不适合细胞核颗粒的悬浮，会造成核泄漏或者细胞碎片较多等问题。因此，解离液的选择是流式细胞仪鉴定植物倍性技术中的一个关键步骤。

6.3.5 分子鉴定

分子标记对现代育种有着重要的作用，目前用于辅助育种的分子标记有 RAPD、AFLP、SSR、SRAP、SNP 等。简单重复序列标记（Simple sequence repeat，SSR）是一类由不同重复单位组成的长达几十个到几百个核苷酸的重复单元，在染色体组上分布广泛，具有可靠性高、多态性丰富和共显性等优点的分子标记，能够应用到作物育种领域鉴定作物的杂合性和纯合性，非常适合用来鉴定无融合生殖后代。例如刘丽等（2008）利用 SSR 引物，对龙须草杂种 F_1 进行鉴定，证实了龙须草是一种高度无融合生殖的物种。阳志刚（2010）利用 5 对 SSR 分子标记，快速筛选出孤雌生殖的后代。周亚秋

(2017) 利用6对SSR、SRAP从化学药剂诱导后代中鉴定了木薯配子体无融合生殖种质。

6.4 无融合生殖研究进展及应用

无融合生殖是利用种子进行无性繁殖的生殖方式，被誉为“下一代育种技术”，能够带来下一次农业革命。关于无融合生殖的研究主要集中在配子体无融合生殖，也是育种专家最想利用的无融合生殖方式。配子体无融合生殖主要包括3个关联的过程，即不完全减数分裂、孤雌生殖、胚乳发育。3个相互关联的过程都由独立的基因位点控制。例如山柳菊无融合生殖受两个主要基因座控制，其中一个*LOA*刺激胚珠减数分裂后体细胞非孢子初始细胞的分化，无孢子原始细胞在有性大孢子附近进行核增殖，形成未减数的无孢子胚囊，使得有性生殖停止，另一个*LOP*基因控制孤雌生殖，突变其中的一个位点，有性生殖被启动，最终形成的无孢子起始细胞有丝分裂形成胚囊所终止，突变两个位点可以让无融合生殖完全转变为有性生殖。无融合生殖可能叠加在有性生殖上，能够改变细胞命运，并且有性生殖仍具有功能。例如在二孢子无融合生殖中存在大孢子母细胞，但是将减数分裂变为有丝分裂，在无孢子无融合生殖中，使得胚珠体细胞具有生殖细胞的命运，形成与有性生殖类似的胚囊。

孤雌生殖，未受精卵细胞自发发育为胚胎的过程，是无融合生殖的核心组成部分。在无融合生殖中，当孤雌生殖与不完全减数分裂分离，依靠受精的中央细胞或者自发的胚乳形成单倍体后代。在植物育种方法中有很高的潜力，能够迅速产生双单倍体。在有性生殖中，没有受精前成熟的卵细胞处于发育阻滞状态，染色体高度浓缩转录相对静止，而孤雌生殖中，卵细胞阻滞是不存在或强烈减少的。细胞学研究表明，在一些无融合生殖物种中，卵细胞有较短的停止期，然后在不受精的情况下直接开始发育。因此孤雌生殖可能与解除卵细胞阻滞有关。关于孤雌生殖的分子机制的研究还不够深入，但也取得了一些进展。例如在发育的种子中，*BBM*基因在胚胎发生过程中促进细胞增殖和形态发生，在拟南芥和芸薹属中异位表达导致自发形成体细胞胚与子叶状结构。在狼尾草中，无孢子特异基因组区域是一个单一的显性位点。

无融合生殖已知至少发生在400种植物中，许多经济作物都有无融合生殖现象的发生，但在主要的粮食作物中还未有报道。在人口快速增长、环境不断变化的情况下，高产作物的需求是可持续发展的基石，利用无融合生殖育种是解决问题最有希望的方法之一。像水稻这样的重要作物，由于有性生殖过程遗传信息的重组，杂种优势的固定往往需要耗费大量的人力、物力以及土地资源进行制种，想要得到和母本一模一样的克隆种子，无融合生殖无疑是最好的手段。早在 20 世纪 30 年代，有人就提出了利用无融合生殖的方式固定杂种优势的设想，但一直未有突破性进展。绕开减数分裂和两性配子的融合，是无融合生殖发生的必要条件，以此为基础，中国农业科学院王克剑团队基于前期的研究成果，通过将杂交水稻中 3 个减数分裂的关键基因 *RECB*、*PAIR1* 以及 *OSD1* 和参与受精的 *MTL* 基因进行了基因编辑，成功获得了二倍体的克隆种子。另外还有研究在水稻卵细胞中异位表达 *BBM1* 基因，同样可以诱导水稻的孤雌生殖、产生克隆种子。以在自然状态下就能发生无融合生殖的蒲公英为研究材料，将诱导其发生无融合生殖的基因 *PAR* 导入到莴苣中，也可以获得孤雌生殖的莴苣材料。无融合生殖在作物育种中的应用已初显成效，但这些研究成果都面临结籽率低的问题。此外，无性种子的正常发育离不开胚乳的营养，而对于无融合生殖胚乳相关基因的挖掘仍然缺乏。

无融合生殖机理的研究首先需查找具有无融合生殖特性的植物，鉴定一个物种是否具有无融合生殖特性最为常用的方法可以通过去雄或阻断授粉观察植物是否能够产生可育性的种子来决定。另外，可以通过后代与母本之间的基因分离情况、胚乳和体细胞的倍性关系来鉴定无融合生殖。子代与母本之间不发生性状分离能够证明物种存在无融合生殖特性。此外，有性生殖产生的种子中的胚乳与体细胞之间的倍性是 3∶2（$3n$∶$2n$），而无融合生殖不经过双受精，因此胚乳与体细胞之间的倍性关系可能是 1∶1（$2n$∶$2n$）。无融合生殖类型则可通过显微技术观察胚囊发育过程确定胚胎的来源来鉴定。同时可以结合授粉实验确定植物是专性无融合生殖或者是兼性无融合生殖。此外，无融合生殖的鉴定还可以通过开发特定的分子标记或基因来实现，例如在一些具有无融合生殖特性的十字花科植物中，*UPGRADE*2 在花粉母细胞中有很高的表达水平，而在近缘物种中没有检测到表达量，因此某些特异性的基因可以作为无融合生殖的标记基因，为无融合生殖的鉴定提供了一种新思路。

根据目前总结的资料来看，无融合的植物种类以多倍体为主。包括禾本科、菊科、芸香科、蔷薇科、野牡丹科和毛茛科等。多倍体一般都是由二倍体演化而来，在高海拔、低温等环境下发生遗传物质的加倍，同时也导致生殖系统出现一些异常变化，如自交不亲和或有性生殖系统遭受破坏。生殖系统的异常对于植物的繁殖可能是致命的，在有性生殖的物种中，有性生殖一旦出现问题将会在自然压力下淘汰，而一些具有无融合生殖特征的物种则在环境不适宜或者有性生殖紊乱中存活下来。其中有一部分植物同时保留了有性生殖和无融合生殖两套生殖系统，这两套系统可以独立存在并发挥功能。但这两套生殖系统在细胞周期控制、激素途径、表观遗传和转录调节方面存在巨大差异。在有性生殖过程中，激素也是受精卵分化和有丝分裂的重要调控因素。与细胞分裂素、生长素和油菜素合成以及调控相关的基因在无融合生殖过程中显著上调，表明激素在该过程中发挥重要作用。此外，植物组织培养能够将离体细胞在激素的诱导下发育成完整植株，这与无融合生殖中体细胞直接发育成胚胎的过程相似。在外源性甾体激素（雌酮、雄酮、孕酮、油菜素内酯）的刺激下，拟南芥可以在不受精的情况下完成胚乳的发育。镰南芥属（十字花科的一个属）与拟南芥亲缘关系较近，该属中包含无融合生殖和有性生殖的物种，且遗传背景较为简单，是研究无融合生殖的理想材料。另外，拟南芥作为植物研究的模式生物具有遗传背景清晰且有高分辨率的全基因组数据，为无融合生殖相关基因的功能验证提供了良好的体系。

目前，对无融合生殖的分子调控的研究相对较少，但是已经取得了一定的进展，为阐明无融合生殖的机理提供了参考。DNA 甲基化是 DNA 化学修饰的一种形式，是通过 DNA 甲基化转移酶将基因组 CpG 二核苷酸的胞嘧啶 5 号碳位共价键结合一个甲基基团。DNA 甲基化能引起染色质结构、DNA 构象、DNA 稳定性及 DNA 与蛋白质相互作用方式的改变，从而控制基因表达。有研究表明，无融合生殖和有性生殖的甲基化水平存在差异，而且 DNA 甲基化途径还证明与不完全减数分裂有关。现已证明与甲基化有关的 *dmt102* 和 *dmt103* 基因在玉米胚珠和生殖细胞内存在特异性表达的情况，表明 DNA 甲基化对于玉米配子体发育至关重要，并且可能在无融合生殖和有性繁殖中发挥关键作用。在雀稗的无融合控制区域检测到高水平的胞嘧啶甲基化，为了证明 DNA 甲基化对植物生殖系统的影响，采用去甲基化剂 5′-氮胞苷处理无融合生殖物种雀稗，并对其后代的生殖表型进行分析。结果显示去甲基化剂对无孢子生殖影响不显著，而对单性生殖产生显著的抑制作用。此外，DNA 甲基化修饰可以改变印迹，从而促进无融合生殖中胚乳的发育。

研究表明，多梳基团（PcG，Polycomb-group）是调控无融合生殖的重要因子之一。多梳基团功能机制的实现是基于多蛋白复合物的两种主要类型，即多梳抑制复合物 1（Polycomb repressive complex 1，PRC1）和多梳抑制复合物 2（Polycomb repressive complex 2，PRC2）。抑制拟南芥和水稻中 PRC2 的表达可导致种子发育异常。*FIS*（Fertilization-independent seed）和 *FIE*（Fertilization-independent endosperm）是多梳家族的重要成员，这两个基因在无融合生殖苹果和有性生殖苹果之间存在显著的表达差异。因此推断多梳家族与无融合生殖密切相关。在拟南芥中，*FIS* 基因的突变能够导致胚胎发育畸形以及胚乳的过度发育。在番茄中，*FIE* 沉默会导致生殖发育出现异常，例如萼片和花瓣数量的增加、胚珠和雌蕊的融合以及单性结实的果实形成。另外，在未受精的情况下，多梳家族的基因可以使胚乳自主发育。研究表明，*AGO9* 可以诱导胚珠产生孢原细胞，为多胚的形成提供了初始的细胞来源。

此外，减数分裂的异常也是无融合生殖的一种现象，在拟南芥中作为减数分裂染色体组织调节因子 *DYAD/SWITCH1*（*SWI1*）的突变将导致大孢子母细胞的不完全减数分裂。大多数 DYAD 突变体能够产生三倍体种子，种子是由未减数分裂的雌配子（2*n*）和单倍体雄配子（*n*）受精产生的，但后代不育。该实验证明了单个基因的突变能够导致有性生殖物种在一定程度向无融合生殖转变，为无融合生殖的应用提供理论依据。

ORC 是一种多蛋白复合物，可控制无融合生殖过程中的 DNA 复制和细胞分化。*GID1* 在有性生殖和无融合生殖中均有表达，实验证明 *GID1* 参与单个大孢子母细胞在胚珠中的发育和分化。*SERK* 基因在无融合生殖物种草地早熟禾的胚囊发育中起关键作用。另外 *SERK2* 基因在百喜草无融合生殖的减数分裂过程中，在细胞核中有很高的表达量，而在有性生殖中仅在大孢子母细胞中表达。*MSP1* 基因编码富含亮氨酸重复序列（Leu-rich repeat）受体，在水稻中该基因的过表达将抑制花药壁细胞形成并导致孢子发生终止。相反，当 *MSP1* 发生突变时则导致大量的雄性和雌性孢子细胞的出现，可导致花药壁层形成紊乱并导致绒毡层消失。除了上述的基因外，研究还挖掘了大量调控无融合生殖的候选基因。通过对二倍体有性生殖物种（*Boechera stricta* and *B. holboellii*）和二倍体无融合生殖物种（*Boechera divaricarpa*）不同发育阶段的胚珠进行微解剖分离，并通过高通量测序手段分析出 4 000 多个差异表达基因，其中 543 个基因在有性生殖和无融合生殖中都有很高的表达水平，而无融合生殖胚珠中有 69 个显著上调的特异性表达的基因，说明在有性生殖和无融合生殖之间有密切的联系但同时又是彼此独立的。此外，miRNA 也参与无融合生殖的调控，*ARGONAUTE 9* 依赖的 sRNA 沉默在拟南芥胚珠的细胞命运中发挥关键作用，而相关细胞的表观遗传重编程对于植物配子中 sRNA 依赖的沉默至关重要。总的来说，无融合生殖的调控机理是复杂的，了解其内在机理需从多层面进行系统性的研究。

无融合生殖有 3 种类型，不同类型中胚胎发生途径是不同的，为人工创制无融合生殖提供了思路。无融合生殖的实现可以通过以下几种途径：①抑制大孢子母细胞的减数分裂。大孢子母细胞具有和体细胞相同的遗传基础，通过抑制大孢子母细胞的减数分裂可以阻断遗传信息的分裂，鉴定大孢子母细胞减数分裂的关键调控因子，通过抑制减数分裂和诱导大孢子母细胞胚胎发生实现无融合生殖。②诱导珠心细胞的分化使其直接发育成胚胎。珠心细胞是一种体细胞，具有与母本相同的遗传背景，通过珠心细胞诱导分化的后代能够最大限度地继承母本性状，因此，珠心细胞诱导成胚途径是实现无融合生殖应用的重要途径之一。通过对珠心细胞的诱导发育成一个胚胎或多个胚胎，形成过多的胚胎会导致种子发芽势弱以及营养的竞争，最终导致植株弱小。因此，还需要深入了解调控多胚的机制，实现对不定胚数量的调控。③抑制大孢子母细胞有丝分裂过程中的细胞分裂，使其染色体加倍为 4*n* 并阻断细胞分裂，随后使其进行正常的减数分裂，从而形成 2*n* 胚囊和 2*n* 配子并通过诱导 2*n* 卵细胞直接发育成胚胎实现无融合生殖。

目前，尚未在主要作物中发现无融合生殖现象，将无融合生殖应用到作物育种中需要从具有无融合生殖的近缘物种中引入，然而，实现无融合生殖的应用仍然是当前十分困难的事情。尽管如此，为了促进相关技术的应用，育种研究人员在无融合生殖的应用方面也取得了突破性进展。无融合生殖的机理首先在拟南芥上实现了突破，通过完成对 *SPO11-1*、*REC8* 和 *OSD1* 基因的突变，可将减数分裂转化为有丝分裂，实现了将有性生殖改造成为无融合生殖。随后研究人员在水稻中进行尝试，发现这 3 种突变组合可以有效地将减数分裂转化为有丝分裂，从而在水稻中产生雄性和雌性克隆二倍体配子。在水稻中发现一个在精子细胞中特异表达的 AP2 转录因子 *BABY BOOM1*（*BBM1*），其在受精后的胚胎起始发育中起到关键作用。在卵细胞中异位表达 *BBM1* 可以导致卵细胞不经过受精作用直接发育成胚胎。随后研究人员通过 CRISPR/Cas9 技术创制了 *bbm1/2/3* 三突变体，发现三突变体中减数分裂行为消失，将 *BBM1* 在卵细胞中表达发现卵细胞无须受精可直接形成正常的胚胎。另外，通过同步突变多个参与减数分裂调控的关键基因（*SPO11-1*、*REC8* 和 *OSD1* 基因）能够将减数分裂过程转变为类似有丝分裂的过程（Mitosis instead of meiosis, MiMe)，产生与母本基因型一致的胚胎，实现了无性生殖的改造。

此外，通过用1%、1.5%和2%（v/v）二甲基亚砜（DMSO）处理雌性花蕾，在木薯（栽培品种 SC5）中成功诱导出了无融合生殖性状。实验结果表明，1.5% DMSO 处理对诱导无融合生殖种子形成最有效且坐果率最高并形成无融合生殖种子，该研究为融合生殖的实现提供了新思路。迄今为止发现了许多物种的生殖方式为无融合生殖，这些植物为无融合生殖机理的研究提供了丰富的材料，但目前无融合生殖的调控机理仍不明确。通过前沿的基因工程手段结合传统方法对无融合生殖进行全面的剖析，同时对候选基因的功能验证以及互作研究有助于掌握无融合生殖的调控机理，为无融合生殖的广泛应用提供支撑。

通过基因组和转录组等手段已经获得了大量调控无融合生殖的候选基因，这些基因主要涉及有性生殖和无融合生殖发生过程中的胚胎调控。Laspina 等（2008）对雀稗未成熟花序和无融合生殖四倍体基因型进行基因表达差异分析，最终鉴定出 65 个候选基因，此外还通过功能分类确定了一系列与中央细胞过程相关的序列。在有性生殖中，胚乳通常需要两个极核和一个精子形成三倍体胚乳，由于无融合生殖过程没有精子的参与，因此不能形成双受精的 $3n$ 胚乳，这也为多倍体育种提供了新的机遇。无融合生殖技术的应用将极大地促进农业育种领域的发展，为农业带来巨大的创新，但在应用上仍存在一些困难。目前，无融合生殖的研究已经取得了阶段性的成果，但远缘物种的基因改造还存在巨大障碍。远缘物种的转化是基于对无融合生殖机制的深入理解，而目前无融合生殖机制尚不明确，要实现无融合生殖的全面应用还有很长的路要走。

无融合生殖通常发生在野生物种中，无融合生殖遗传研究的最终目标是将无融合生殖引入到主要作物中。禾本科中有很多植物具有无融合生殖特性，例如水牛草、雀稗、早熟禾、珍珠粟、俯仰臂形草、弯叶画眉草和大黍等，特别值得注意的是早熟禾，其具有无融合生殖特性且属于早熟禾亚科，与同亚科的大麦和小麦亲缘关系近，然而在主要的栽培作物中却未发现无融合生殖的存在。但是丰富的无融合生殖物种为无融合生殖的调控机理的研究提供了丰富的材料，研究结果可以在近缘物种中验证和应用。

通常来说，无融合生殖导致后代的基因型不发生改变，该特性不利于物种的适应和进化，阻碍了新基因在种群中的传播，也不利于在复杂多变的自然环境下生存和繁衍。然而研究发现，许多无融合生殖物种仍然保留了有性生殖的能力，在不利于有性生殖发生的条件下，能够确保可育性种子的产生以维系繁衍。当环境适宜时可进行有性生殖，恢复后代基因的多样性。因此，无融合生殖特性可以视为一种“避难”行为，这是有利于生存的进化。另外，从目前发现的无融合生殖物种来看，大多数为多倍体，为植物的变异提供了更大的概率，同时多个基因的备份能够减弱不良的突变，从而使其更加适应生存环境。

从生理学和分子生物学的角度理解有性生殖和无融合生殖物种之间的差异是无融合生殖研究的一个主要组成部分。兼性无融合生殖物种是研究无融合生殖机理的理想材料。可分别通过研究兼性无融合生殖的有性生殖和无融合生殖过程胚胎发育和分子上的差异筛选参与调控的关键基因，并通过基因工程技术手段对候选基因进行功能验证，将研究结果汇总，构建无融合生殖机理调控网络。无融合生殖的应用要以无融合生殖机理的明晰为前提。通过对早熟禾的研究鉴定调控无融合生殖的关键因子，并对比其近缘物种大麦或者小麦的情况。然后通过基因工程手段转入缺失因子，同时抑制或去除多余因子，从而实现跨物种无融合生殖的改造。通过对无融合生殖机理理解的加深，还可以将相关技术引入到其他物种中，加速无融合生殖的推广和应用。

随着对无融合生殖调控机理的不断了解，无融合生殖将以可控的方式应用到杂交育种中，将会对农业育种带来广泛而深远的影响。不仅为繁杂的杂交育种工作减负，而且降低了育种成本，缩短了育种周期，为农业育种、制种带来新的契机。无融合生殖研究的核心是了解无融合生殖胚胎的发育和调控，围绕无融合生殖胚胎的调控开展无融合生殖机理的工作将会提高效率缩小范围。基于目前的研究、技术水平和科技发展速度，无融合生殖会在不久的将来规模化应用到农业中。

7 工业大麻逆境胁迫分子研究进展

7.1 植物逆境胁迫概述

植物在生长发育过程中，不断从周围的环境吸收生长所需的能量和营养物质，同时也承受外界环境带来的压力和胁迫。逆境也被称为环境胁迫，是指那些超过了植物正常生活范围并对其生长造成不利影响的各种环境因素的总称。植物的逆境胁迫通常包括非生物胁迫和生物胁迫，非生物胁迫主要由一定的物理或化学条件引发，如高温、干旱、冷害、高盐、重金属和机械损伤等，生物胁迫主要由各种生物因子引发，如真菌、细菌、病毒、线虫和菟丝子等引起的病虫害。相对于生物胁迫，干旱和高温等非生物逆境胁迫更广泛地影响了植物的生长和发育。植物为了适应逆境进化出了多种防御机制，通过体内不同信号通路途径调节一系列基因的表达，在能量代谢、离子和水分运输、蛋白降解和活性氧清除等方面产生变化，对分子、细胞、生理和生化层面上做出相应调整，从而在逆境中更好的生存。

7.2 植物干旱胁迫分子研究

植物中耐旱基因被分成两类，一类是功能蛋白基因，编码产物直接起作用；另一类是起调节作用的转录因子。功能蛋白因子主要包括具有解毒作用的酶类、合成渗透调节剂等的相关酶类、保护生物大分子及细胞膜结构的蛋白质等。植物中蛋白质的磷酸化和去磷酸化是常见的干旱胁迫诱导的信号传导过程，已有报道，如钙依赖性蛋白激酶（CDPKs）、CBL（钙调磷酸酶 B 类蛋白）互作蛋白激酶（CIPK）、丝裂原活化蛋白激酶（MAPKs）和蔗糖非发酵蛋白（SNF1）相关激酶 2（SnPK2）等都参与干旱胁迫诱导的信号传导过程。据报道，拟南芥 CDPK 基因 *CPK10* 通过 ABA 和 Ca^{2+} 调控气孔运动的信号通路响应干旱胁迫。*OsCIPK23* 能够被多种非生物胁迫条件和植物激素诱导，而 *OsCIPK23* 的 RNA 干扰株系对干旱胁迫过度敏感，耐旱性降低。植物中的 MAP 激酶信号级联反应也与调节耐旱性有关，例如水稻中的 *OsMPK5* 和 MAP-KKK 基因 *DSM1* 等。

近 10 年来，对 ABA 参与植物干旱胁迫响应的核心信号转导途径有了较为清晰的认识。在没有内源 ABA 存在下，SnPK2s（Sucrose non-fermenting 1-related protein kinase 2s）与 PP2Cs（Protein phosphatase 2Cs）结合，被 PP2Cs 去磷酸化，激酶活性持续受到抑制，无法磷酸化下游靶蛋白进行 ABA 信号的进一步传递。干旱胁迫下 ABA 大量合成，ABA 和 ABA 受体 PYR/PYL/RCAR 结合后，PYR/PYL/RCAR 构象发生改变，能够结合 PP2C 的催化位点，抑制 PP2C 的活性，之后 SnPK2s 得以释放进行自磷酸化，从而被激活，继续磷酸化下游相关蛋白，使 ABA 信号得以传递。*OST1* 是 ABA 在保卫细胞中激活的主要的 SnPK2，其突变体也是拟南芥第一个鉴定出来对 ABA 不敏感的突变体，对后续研究有重要的指导意义。在 ABA 介导的气孔关闭过程中，*OST1*（SnPK2. 6）作为重要的调控因子，能够磷酸化保卫细胞细胞膜上慢速阴离子通道（Slow anion channel associated 1）SLAC1 的第 120 位的丝氨酸，激活 SLAC1 通道活性，导致阴离子的外流，使保卫细胞膨压减小，促进气孔关闭。

随着生物技术手段的不断应用，分子方面的研究也在不断深入，转录组学是随着各种组学技术不断涌现而率先发展的一门研究基因转录调控、差异基因表达和基因功能的新兴学科。转录组学在作物响应干旱胁迫的研究中越来越深入，对整个基因组表达情况、干旱应答机理和抗旱性调控机制等进行全面揭示和有效分析，对逆境基因组在转录调控网络的构建方面发挥重要的意义。Zhao 等（2020）利用 RNA-Seq 分析了干旱胁迫条件下两份小麦材料幼苗叶片，共鉴定出 6 969 个与耐旱性相关的差异表达基因（DEGs），KEGG 功能注释涉及 α-亚麻酸代谢、淀粉和蔗糖代谢、过氧化物酶体代谢、丝裂原活化蛋白激酶（MAPK）信号转导、光合生物碳固定和甘油磷脂代谢等，为提高小麦的抗旱性研究提供了新基因资源。Morgil 等（2019）深入了解干旱条件下干旱敏感扁豆品种的全基因组转录调控，GO 富集分析表明蛋白质磷酸化、胚胎发育、种子休眠、DNA 复制和根分生组织特性的维持等生物过程受到差异表达调控，为提高扁豆的耐旱性提供分子理论基础。Xu 等（2019）运用 RNA-Seq 揭示了谷子耐旱性分子机制，对 DEGs 进行 KEGG 富集分析显示

DEGs富集在氨基酸代谢、碳水化合物代谢、植物激素信号转导、淀粉和蔗糖代谢、半乳糖代谢、抗坏血酸和醛酸代谢和谷胱甘肽代谢等，这些基因在激素合成、脯氨酸和可溶性糖合成以及ROS代谢方面发挥重要作用。Chen等（2019）对耐旱马铃薯品种进行干旱胁迫、复水和再脱水处理后应用RNA-Seq分析基因调控特性，主要干旱响应基因涉及光合作用、脂质代谢、糖代谢、蜡质合成、细胞壁调节、渗透调节和信号转导等。Zhang等（2020）对PEG-6000处理下的水稻野生型WT-DJ和突变型*ostbp*2.2系（3A-11562）进行RNA-seq分析，应用KEGG对DEGs富集分析表明，光合生物碳固定、柠檬酸循环（TCA循环）、植物激素信号转导以及卟啉和叶绿素代谢等途径在突变型*ostbp*2.2系中富集，其通过调节光合作用等生物途径影响水稻的生长发育。

7.3 植物盐胁迫分子研究

盐胁迫会导致植物产生渗透胁迫、离子胁迫和氧化胁迫。渗透胁迫是由土壤或水中的高浓度盐引起的。土壤中的盐超过一定浓度时就会降低植物根部表面的水势从而抑制植物对水分的吸收，导致植物细胞缺水。离子胁迫是由于盐离子的过量存在对植物细胞产生了损害，细胞质中盐离子浓度过高会打破植物细胞正常的离子吸收平衡，从而对许多代谢途径产生不利影响。渗透和离子胁迫可以在植物中引起氧化胁迫，包括有毒化合物的积累和营养平衡的破坏。盐胁迫导致植物细胞中ROS的积累，ROS会严重破坏细胞内的氧化还原平衡。

盐胁迫对植物的影响在生理水平表现为阻碍植物正常的发育进程，抑制植物生长甚至导致植物死亡。植物培养过程中盐浓度的增加会使一些决定植物生产力的关键参数降低，如盐胁迫导致种子的发芽率降低、植物幼苗期施加盐处理会使幼苗的成苗率和存活率降低等。

除此之外，植物遭受盐胁迫时，其光合作用和呼吸作用也会受到一定的影响。叶绿素是植物细胞进行光合作用的主要色素，在光合作用的光吸收过程中起着核心作用。当叶绿素被破坏或含量降低时，光合作用效率会受到影响。盐胁迫导致植物叶片中的总叶绿素含量降低，与叶绿素相关的净光合速率、气孔导度和胞间二氧化碳浓度也随之降低。盐胁迫引起的植物组织呼吸速率的变化取决于器官种类和物种对盐胁迫的耐受策略。在水稻根系中，高呼吸速率可以通过促进离子排斥来提高耐盐性；在低盐胁迫下，豌豆幼苗的叶片通过呼吸强度增加来降低植物生长的减少；硬粒小麦和大麦幼苗在盐胁迫下线粒体的呼吸速率显著降低。

7.3.1 离子胁迫调控机制

植物细胞中高浓度的盐（主要是 Na^+）会诱导离子胁迫，在对离子胁迫的响应中，维持细胞内的离子稳态是耐盐植物适应盐胁迫条件的重要调节机制。维持合适的 K^+/Na^+ 比值是决定植物细胞耐盐能力的关键。部分盐生植物利用分泌盐的腺体从叶片中去除多余的离子，以此来减少盐离子积累对植物生长的损害。

过量的盐会使细胞内 Ca^{2+} 的浓度增加，从而激活 Ca^{2+} 结合蛋白并上调 Na^+/H^+ 反向转运蛋白以去除细胞内过量的 Na^+。已证明盐诱导的 Ca^{2+} 信号传导能在植物中充当盐感机制。糖基肌醇磷酸神经酰胺（Glycosyl inositol phosphorylceramide，GIPC）是植物中脂质的主要成分，且在质膜中含量很高，作为单价阳离子传感器与 Na^+ 结合，使细胞表面的电势去极化以调控 Ca^{2+} 流入通道，在盐胁迫中发挥作用。MOCA1（Monocation-induced Ca^{2+} increases 1）是质膜中 GIPC 鞘脂的葡萄糖醛糖基转移酶，该蛋白在盐诱导的细胞表面电位去极化、Ca^{2+} 积累、Na^+/H^+ 反向转运蛋白激活中发挥功能。

植物 SOS 通路参与离子胁迫信号的传导。钙调蛋白 SOS3 与蛋白激酶 SOS2 相互作用并激活 SOS2，SOS2 和 SOS3 调节离子转运蛋白 SOS1 的活性。SOS1 是位于质膜上的 Na^+/H^+ 反向转运蛋白，是细胞从胞质向质外体运输 Na^+ 的关键。当植物暴露于 NaCl 时，SOS1 通过升高 Na^+/H^+ 的转运活性来提高植株耐盐性。在盐胁迫和 H_2O_2 代谢的影响下，SOS2 可以与过氧化氢酶 CAT2 和 CAT3 相互作用参与盐胁迫调控。

在盐胁迫下，液泡膜上的 Na^+/H^+ 反向转运蛋白 NHX（Na^+/H^+ antiporter）可将 Na^+ 从细胞质转运到液泡，增加植物对 NaCl 的耐受性。Na^+ 使 *NHX1* 的 mRNA 水平上调，过度表达 *NHX1* 基因的拟南芥具有很高的耐盐性，拟南芥 *nhx* 突变体对盐胁迫敏感。拟南芥 HKT1（High-affinity K^+ transporter 1）除在 K^+ 转运中发挥作用外，还可以通过减少植物组织中的 Na^+ 积累来提高耐盐性。拟南芥中的 HKT1 在木质部和维管组织中强烈表达，在 Na^+ 从新芽到根的再循环中起作用，也被认为可能在根部和叶片组织中通过 Na^+ 转运调节蒸腾流中的 Na^+ 含量。拟南芥 *hkt1* 突变体相比于野生型对盐更敏感，芽组织中出现 Na^+ 过量积累。除拟南芥外，HKT 家族的蛋白已被证明在许多物种中参与了 Na^+ 转运。

已有研究表明，CBL（Calcineurin b-like protein）作为植物钙传感器，能够与蛋白激酶 CIPK（CBL-interacting protein kinases）相互作用，参与植物对盐胁迫的应答。拟南芥 CBL10（SCABP8）与 CIPK24（SOS2）相互作用，且 CBL10-CIPK24 复合物通过调节离子转运蛋白 SOS1 的活性来调节拟南芥的盐胁迫响应。除 Na^+转运蛋白外，K^+通道 AKT1（Arabidopsis K^+ transporter 1）在离子调控中也发挥特定的作用，参与维持盐胁迫下植物细胞中的 K^+/Na^+ 比值。盐胁迫下过量的 Na^+经常导致 K^+缺乏，造成低 K^+胁迫，AKT1 在低 K^+条件下被磷酸化激活以增强植物细胞 K^+的吸收。CBL10 可直接与 K^+通道 AKT1 相互作用，与野生型相比，盐胁迫下拟南芥 *cbl10* 突变体中 K^+含量显著增加。CBL1 和 CBL9 激活 CIPK23，CIPK23 激活 AKT1，从而在低 K^+胁迫条件下调节 AKT1 活性，以增强 K^+吸收来维持拟南芥中的 K^+稳态。

7.3.2 渗透胁迫调控机制

MAPK（Mitogen-activated protein kinase）级联反应参与渗透胁迫的信号转导，这个级联反应在真核生物中高度保守，由三级串联的激酶组成：MKK 激酶（MKKK）、MPK 激酶（MKK）和 MPK。拟南芥中有多种 MPK 被盐以及冷或其他环境信号激活。拟南芥 MPK3 活性在 NaCl 处理后被 MKK4 激活，进而参与渗透胁迫调控。拟南芥 *mkk4* 突变体比野生型植株对盐更敏感，表现出更高的失水率和高水平的 ROS 积累，而过量表达 *MKK4* 的转基因植物则表现出对盐的耐受性以及较低的失水率。此外，拟南芥 *MKKK20* 通过调节 *MPK6* 活性参与渗透胁迫调控。在盐胁迫下，与野生型植株相比，*mkkk20* 突变体显示出更高水平的 ROS 积累。与之相反，过量表达 *MKKK20* 的转基因植物表现出对盐胁迫的耐受性。

脱落酸（ABA）是植物响应逆境胁迫的重要激素，能敏锐感知胁迫信号并诱导植株产生胁迫响应，是植物对高盐、低温、干旱等各种不利环境条件反应的重要调节物质。ABA 信号传导的核心成分是 SnRK2（Sucrose nonfermenting 1-related protein kinase 2），由盐胁迫引起的渗透胁迫可以迅速激活 SnRK2 蛋白激酶家族。拟南芥 *snrk2* 突变体对渗透胁迫非常敏感。SnRK2 的激活依赖于 MKKK 对其特定位点的磷酸化，敲除 *MKKK* 基因使植株 ABA 敏感性降低，并严重损害了渗透胁迫诱导的 SnRK2 的活化。

7.3.3 氧化胁迫调控机制

当植物处于盐胁迫环境时，细胞内的 ROS 被大量诱导产生积累，对植物造成氧化胁迫，从而对脂质、蛋白质、DNA 和碳水化合物产生损害。当 ROS 积累到一定程度时，植物体自身的抗氧化酶促系统和非酶促系统就会发挥自身的作用来减轻 ROS 的毒害。酶促系统包括超氧化物歧化酶（SOD）、抗坏血酸过氧化物酶（APX）、过氧化氢酶（CAT）、谷胱甘肽硫转移酶（GST）以及谷胱甘肽过氧化物酶（GPX）等。非酶清除剂包括抗坏血酸（ASH）、生物碱、类胡萝卜素、类黄酮、谷胱甘肽和酚类化合物等，清除 ROS 或增加 ROS 清除酶的表达可能会增加植物的耐盐性。

植物体内的氧化还原传感器参与了对 ROS 稳态和氧化还原平衡的控制。类囊体相关的非典型硫氧还蛋白 ACHT1（Atypical cysteine/histidine-rich Trx1），定位于叶绿体中，被认为是一种氧化还原传感器，参与叶绿体中的氧化还原信号传导。热胁迫会导致植物的氧化胁迫，在植物中，热胁迫转录因子（Hsfs）在氧化胁迫条件下可以充当氧化还原传感器，在氧化胁迫应答期间调控氧化胁迫应答基因的表达。这些氧化还原传感器可以感知 ROS 信号，通过激活细胞的氧化还原调控来调节 ROS 稳态。

7.4 植物高温胁迫分子研究

当植物遭遇高温环境时，可以观察到几种形态变化，包括下胚轴和叶柄的伸长，早期开花，气孔形成变少。这些变化涉及光信号的协调调节、植物激素信号传导和生物钟的高控。转录因子 PIF4（Phytochrome interaction factor 4）是光信号传导途径的主要组分，其蛋白质稳定性受光调节，红光激活的光敏色素 B（phyB）能够使 PIF4 磷酸化，使其进入 26S 蛋白酶体介导的降解过程，而高温胁迫在黑暗中加速 phyB 从其活性 Pfr 状态逆转为无活性 Pr 状态，导致 PIF4 的积累并在夜间促进细胞伸长。此外，升高的温度也能够导致蓝光受体光敏素（PHOT）的发色团（黄素单核苷酸）与转录因子 PIF4 在铁线蕨中的结合光/氧/电压（LOV）结构域快速解离，使 PHOT 激酶活性失活并调节蓝光依赖性的叶绿体运动。虽然目前没有证据表明它们可以作为热传感器发挥作用，但蓝光受体 CRY1（Cryptochrome 1）和紫外线（UV）光受体 UVR8（UV resistance locus 8）已被证明能够调节拟南芥中高温介导的下胚轴伸长。植物在高温环境下可通过未知机制触发 COP1（Constitutively photomorpho-genic 1）的入核机制，促进 PIF4 的表达并增强其蛋白质稳定性，以及靶向造成 PIF4 拮抗剂 HY5（Elongated hypocotyl 55）的降解。一项研究报告表明，植物基础耐热性在白天一直处于变化的状态，在白天达到峰值，植物耐热性的这种光依赖性调节可能是由叶绿体产生的 ROS 信号引发的，ROS 可以扩散到细胞核中，以激活 HSFAls 的转录活性，调节热响应基因如 *HSP70* 的表达，以增加植物的基础耐热性。PIF4 介导的热响应性生长受到涉及光和植物激素信号传导网络的广泛调节。研究表明，降低细胞内生长素浓度或抑制生长素极性运输能够消除高温胁迫下的下胚轴伸长现象，表明生长素对热响应生长至关重要。高温显著增加 PIF4 与生长素生物合成相关基因的启动子的结合，例如 *YUC8*（*YUCCA8*）、*TAA1*（Tryptophan amintransferase of arabidopsis 1）和细胞色素 *P450*、*CYP79B2*，激活它们的表达。此外，PIF4 与生长素信号转导因子 ARF6（Auxin Response Factor 6）相互作用，协同促进下胚轴延伸所需的基因表达。当植物长时间暴露于高温环境中，生长素的过度积累可以诱导异常细长的茎和叶，植物对此的解决策略是 RNA 结合蛋白 FCA（Flowering control locus A）可直接与 PIF4 相互作用，使其与 *YUC8* 启动子解离，并在经历高温环境的植物中维持平衡的生长素水平。

除与生长素途径相互作用外，PIF4 还可以通过与油菜素内酯（BR）和赤霉素（GA）两种激素的中枢生物合成和信号组分直接相互作用来整合信号传导。证据表明，PIF4 直接结合 *DWF4* 和 *BR6ox2*（Brassinosteroid-6-oxidase 2）的启动子，以促进这些 BR 生物合成基因的表达，以及与 ARF6 和 BR 信号转录因子 BZR1（Brassinazole resistant 1）形成复合物共同作为控制细胞伸长的中心调节中枢起作用。相反，GA 信号组分 DELLA 蛋白，可通过与 PIF4、ARF6 和 BZR1 结合，抑制其 DNA 结合和转录活性来负调节 PIF4 和 BR 信号途径介导的细胞伸长。有研究表明，PIF4 与几种生物钟组分之间相互作用控制着植物在正常和高温环境下的周期性生长。此外，大量证据表明存在一种机制可以介导植物生长和防御反应之间的平衡，环境温度升高会刺激植物生长，但会使植物更容易受到病原体感染，协调这两个过程的机制尚不清楚。与野生型相比，过表达 PIF4 的植物对 DC300 更敏感，而具有降低的 phyB 活性的突变体也具有伸长的下胚轴但对 DC300 的抗性降低，基于这些结果，phyB- PIF4 热感应信号模块被认为在植物对高温响应期间平衡植物生长和防御中发挥重要作用。PIF4 还调节热响应性开花和气孔发育，高温胁迫下，

PIF4 直接结合 *FT*（Flowering Locus T）和 *SPCH*（Speechless）的启动子来调节它们的表达，促进早期开花和限制气孔发育。

7.5 工业大麻逆境胁迫研究进展

7.5.1 盐/碱胁迫

土壤盐渍化是植物生长中最常遇见的逆境之一。植物的正常生长发育需要一个适度的盐分环境，超过一定的阈值作物就会受到胁迫甚至伤害。现有报道中，盐碱胁迫研究多采用盐胁迫或碱胁迫单一处理。不同盐分（NaCl、Na_2SO_4、Na_2CO_3和 $NaHCO_3$）对工业大麻种子萌发具有不同效应，低浓度（50mmol/L）的 NaCl 和 Na_2SO_4处理对云麻 5 号胚轴生长有促进作用，其他盐分处理则对种子萌发等各项指标产生负面影响。在对黄麻进行研究时也发现低浓度（34.2mmol/L）NaCl 处理会对幼苗生长起促进作用。

工业大麻在重度盐/碱环境下不能生长，不同品种和不同生育期的工业大麻对盐/碱的敏感程度不同，有些品种只能在轻度盐/碱环境下生长。在盐胁迫下，工业大麻的叶片呈现不同程度萎蔫症状，随时间延长有加重趋势，同时叶片周边伴有发黄症状。随着盐胁迫程度及盐胁迫时间的增加，大麻生长减缓、株高下降，甚至停止生长发育，并且在盐/碱胁迫下植株干重、根长、叶绿素含量、根冠比和含水量降低。

在盐/碱胁迫下，植物体内发生一系列的生理生化反应来降低或消除盐分的伤害作用。巴马火麻幼苗在盐胁迫处理下叶片超氧化物歧化酶（SOD）活性持续增高，第 6 天达最大值；可溶性糖含量在各个胁迫时期与对照差异无统计学意义；可溶性蛋白（SP）含量则先增加后降低，第 4 天达最大值。胡华冉（2015）的研究发现，单种盐胁迫处理下，云麻 5 号与巴马火麻的 SOD 活性随盐浓度增加而升高，但升高的幅度有差异。而在混合盐处理中，云麻 5 号在中性混合盐处理下抗性高于巴马火麻；碱性混合盐中，巴马火麻的抗性较高；碱性混合盐对个别品种的危害较大，碱性中高浓度混合盐处理下，大麻生长受到严重抑制，甚至死亡。

刘家佳（2016）对云麻 5 号和巴马火麻两个工业大麻品种用 500mmol/L NaCl 处理 0d、2d、4d、6d 的幼苗叶片进行生理指标测定，同时提取总 RNA 进行转录组测序，结果表明两个品种在盐胁迫 2d 时生理反应最强，在此时的差异表达基因中共鉴定出 220 个上调表达基因，这些基因在苯丙氨酸代谢通路和多个植物激素信号转导通路上显著富集，鉴定出了 MYB、NAC、GATA 和 HSF 等 22 个转录因子，之后对所有差异表达基因进行表达趋势聚类分析，证实两个品种存在品种特异性耐盐通路，耐盐机制由不同代谢途径参与调节。程霞（2016）以耐盐品种巴马火麻和盐敏感品种云麻 5 号进行盐胁迫的蛋白应激机制研究，结果表明工业大麻可能通过提高 ATP 代谢，根据光照强度调节光合代谢，加强叶绿素合成，促进细胞松弛、膨大，促进渗透调节物合成，增强无机硫在体内的流动，调控水通道蛋白，加强离子运输信号传递，提高蛋白间、蛋白与细胞膜间的信号传递及有机分子、无机分子选择吸收和运输速度，降解半纤维素细胞壁，控制细胞物质的进出，促进新陈代谢和细胞稳定性来适应胁迫。

7.5.2 水分/温度胁迫

工业大麻在短期水分胁迫条件下，植株会通过气孔效应来适应水分胁迫。在长期水分胁迫条件下，叶片加速衰老，叶面积指数降低，氮素利用率降低。在工业大麻生产中发现，工业大麻不耐涝，但这方面的研究却未见报道。

在干旱胁迫下，植株的叶片含水量和保护酶活性等生理指标会发生变化以适应环境，最终会影响株高和茎粗等生长指标，不同品种对干旱胁迫的响应模式不同。干旱胁迫实验多采用聚乙二醇-6000（PEG-6000）溶液模拟。孔佳茜等（2020）就采用 6 种不同浓度的 PEG-6000 对 5 个工业大麻品种进行干旱胁迫，结果发现低浓度的 PEG 溶液对大麻种子的萌发及根长有促进作用，增加 PEG 浓度会抑制种子的萌发，茎长、茎重和根重会随着 PEG 浓度的增加而降低。对工业大麻干旱敏感品种云麻 1 号进行干旱胁迫下的全基因组表达谱特征分析，共鉴定了 1 292 个基因，发现过氧化物酶、扩展蛋白、肌醇加氧酶、NAC 和 B3 转录因子可能与工业大麻抗旱性有关，同时也发现脱落酸在抗旱胁迫中起重要作用。

在对亚麻的一项研究中发现亚麻对干旱和高温胁迫的响应是协同的而不是独立的。工业大麻在光饱和点下的净光合速率随着叶温的升高而升高，在 25~35℃时趋于平稳，当叶片温度高于 35℃时净光合速率开始下降。虽然研究温度和水分协同作用对工业大麻生理生化的影响具有一定的难度，但更具有实际意义。

7.5.3 营养胁迫

植物生长必需元素包括氮、磷、钾、钙、硫、镁和钠等，其中氮、磷、钾是大量元素，中国耕地存在大量元素不足的情况，补充不当不仅会造成资源浪费，也会导致水体污染等环境问题。营养缺乏或过量都会对作物形成一定的胁迫作用。

氮素水平较低会造成工业大麻纤维细胞壁薄、纤维束发育不良和束内细胞减少。在 1.50mmol/L、3.00mmol/L、6.00mmol/L 氮素水平下，工业大麻生长正常。随着氮素水平的增加不仅会降低氮的利用效率，其他营养元素如磷和钾的利用效率也会降低。不同工业大麻品种对氮素的生理响应差异较大，与 1.50mmol/L 氮浓度相比，在低氮（0.3mmol/L、0.75mmol/L）和高氮条件下 4 个受试品种（皖麻 1 号、云麻 7 号、云麻 5 号和巴马火麻）的叶绿素、硝酸还原酶、SOD、丙二醛（MDA）和可溶性糖等各项生理指标均表现为降低或增加。

施钾不足或过量都对工业大麻生长有抑制作用，云麻 1 号在 5 个浓度（0.5mmol/L、1.0mmol/L、1.5mmol/L、2.0mmol/L、2.5mmol/L）处理下，随着施钾量的增加，苗高、茎粗和叶面积均呈现出先升高后降低的趋势，并在 2.0mmol/L 的钾处理下达到最大值；大麻的钾利用效率和 SOD 活性降低，叶绿素含量升高，蔗糖含量和蔗糖酶活性先升高后降低；大麻的干物质量、钾含量与钾积累量呈现出先升高后降低的趋势，均在 2.0mmol/L 的钾处理下达到最大值。

李璇等（2019）对云麻 7 号和巴马火麻在不同磷水平下植株生长和生理指标进行调查，发现不同品种磷耐受能力不同，云麻 7 号的最适磷浓度是 0.50mmol/L，巴马火麻的最适磷浓度为 8.00mmol/L，增加或降低磷浓度会降低鲜重、株高和茎粗，升高叶片的相对电导率、丙二醛含量及过氧化物酶活性。

目前，可通过两种途径减少营养胁迫，一是筛选耐低氮、磷、钾品种；二是筛选不同品种的最佳氮、磷、钾耐受浓度，结合土地肥力合理施肥。

7.5.4 重金属等有害物质胁迫

工业大麻是理想的植物修复土地候选作物，对镉（Cd）、铬（Cr）、铜（Cu）、铅（Pb）、镍（Ni）、镭（Ra）、硒（Se）、锶（Sr）、铊（Tl）和锌

（Zn）污染的土地都有修复作用。修复重金属土壤的时间、费用及产生的经济效益显著优于其他作物。在高浓度的土壤重金属环境下，工业大麻会依靠稳定的光合系统和提升自身抗氧化能力来缓解重金属胁迫带来的危害。不同品种对土壤修复能力不同。许艳萍等（2020）对云南5个主栽工业大麻品种的苗期和工业成熟期进行Pb、Zn、Cu、Cd与As 5种重金属的富集和转运能力进行研究，发现这些品种积累重金属的能力均较强，其中云麻1号和云麻5号对土壤的修复效率高于其他3个品种。工业大麻不同部位对不同重金属的富集能力不同，这5个品种中，除Cu外，其他重金属在茎、叶中的富集系数都大于根。

对镉（Cd）耐受性品种和镉敏感性品种在镉处理下发现，MDA含量、SOD和过氧化物酶（POD）等活性结果表明Cd耐受品种比Cd敏感性品种的解毒能力更强。转录组分析表明涉及重金属转运和氧化还原过程的相关基因与品种的镉耐受能力相关。

重金属对工业大麻的生长发育、产量、性别和酚类含量等方面都会产生影响。低浓度的重金属在一定程度上能促进工业大麻的生长发育和产量提高。Cu和Zn盐通过提高工业大麻玉米素水平，使大麻雌性化。硝酸铅通过降低玉米素水平和增加赤霉素水平促使大麻明显雄性化。硫代硫酸银可诱导工业大麻雌性系的产生。结合Cd胁迫下两个大麻品种的转录组数据，从工业大麻*MYB*基因中鉴定了7个影响Cd胁迫反应的*CsMYB*基因。根据Cd胁迫下大麻中大麻素含量的变化、高大麻二酚和低大麻二酚大麻中不同*CsMYB*基因的表达以及组织特异性表达，推测*CsMYB024*可能受Cd胁迫影响并介导CBD合成途径。

8 不同植物激素对工业大麻生长的调控研究

8.1 植物激素对植物生长的影响

8.1.1 植物生长

植物生长是植物体最显著的生理活动，高等植物的生长大体有 4 种类型，即胚的生长，根、茎顶端分生组织的生长，形成层等侧生分生组织的生长和肿瘤性生长。肿瘤性生长是一种脱离整体控制状态下的生长，离体条件下愈伤组织的生长也属于肿瘤性生长。由于高等植物的生长常导致分化，因此要了解高等植物的生长规律并非易事。1958 年 Northcote 获得了能在固体或液体培养下长期维持生长状态而不发生分化的愈伤组织，为研究高等植物的生长开辟了全新的途径，使人们对高等植物的生长有了进一步的认识。

胚的形成是植物生长世代循环中的重要节点，是延续后代的关键进程。胚珠是种子的前身，是被子植物花中重要的器官，可以追溯到最早的种子植物的进化历程中。成熟胚珠的结构主要包括珠心、珠被、珠孔、珠柄和合点 5 部分。尽管胚珠的基本结构相对稳定，但胚珠的形态却存在着丰富的多样性。多样性通常表现在胚珠数目、胚珠在子房室中的着生位置、珠心厚度、珠被数量和厚度、胚珠弯曲程度以及在某些类群中的特化结构。在种子中的胚成熟后，播种使其重新成长为植株，在高等植物的发育中，胚胎从纵轴两端到胚胎两端分别形成特殊区域，即茎端分生组织（Stem apical meristem，SAM）和根端分生组织（Root apical meristem，RAM），高等植物的器官形成离不开分生组织（Meristem）。分生组织是在植物体的一定部位，具有持续或周期性分裂能力的细胞群，又被称为植物干细胞，由其分裂产生的细胞排列紧密，无细胞间隙，其中一小部分仍保持高度分裂的能力，大部分则陆续长大并分化为具有一定形态特征和生理功能的细胞，构成植物体的其他各种组织，使器官得以生长或新生。分生组织在植物体内根据分布位置主要分为顶端分生组织和侧生分生组织。其中，顶端分生组织发育为根、茎，使植株得以伸长生长，侧生分生组织则形成腋芽（Axillary bud meristem，AM）和侧根（Lateral root，LR），进而产生新的分枝并重新建立顶端分生组织和侧生分生组织，并最终成长为成熟的植株，而在植物生命的这些进程中，植物激素是必不可少的调节物质。

8.1.2　植物激素

植物激素是植物体内天然存在的一系列有机化合物，在植物体内含量极低，但却能高效调节和控制植物生命活动的全过程。植物激素被称为内源激素，往往产生于植物体内的特定部位，是植物在正常生长发育过程中或特殊环境影响下的代谢产物。植物激素尽管只能在不同的特定部位（如根尖、茎顶端等）形成，但可以通过植物本身的输导组织运送到其他部位。含量虽极微少，但其调控作用及诱导机制却极强大。从调控作用来看，植物激素既可正向调控，如促进根、茎、叶、花、果实和种子的生长发育，又能逆向调控，如抑制或延缓根、茎、叶、花、果实和种子的生长发育。从诱导机制分析，当植物遇到恶劣生态环境或病虫为害时，植物激素便能诱导植物产生各种抗胁迫机制，提高其抗逆性和免疫力。

1880 年，达尔文发现了植物的向光性。荷兰科学家温特在燕麦组织中发现一种活性物质，并命名为生长素。随着科技的进步与发展，赤霉素（GA）、细胞分裂素（CTK）等植物激素相继被发现，越来越多的植物激素被发现和应用。其中赤霉素是一类双萜类化合物，具有打破植物或种子休眠、加速细胞伸长、促进叶片延展、影响开花时间、减少器官的脱落等效应。赤霉素能够调节植物的器官大小和形成，如叶的伸展、植物的株高、根的发育，能影响植株株高和组织器官的大小，其原理是赤霉素促进细胞伸长、分裂。外施赤霉素能够恢复 GA 合成缺陷型突变体的矮化表型。许多绿叶蔬菜可通过外施赤霉素加速绿叶的生长，从而增加绿叶蔬菜的产量。菠菜、荠菜、茼蒿、韭菜等通过赤霉素喷叶，产量能显著提高。果实正常的生长发育离不开赤霉素，赤霉素可延缓果实成熟，还能刺激植物产生单性花及调节植物的坐果率。有研究表明，植物内源赤霉素积累量增多，植株开花会比正常花期提前。植物作为 CO_2 的主要消耗者，促进植株进行高效的光合作用是研究的热点及难题，赤霉素恰恰能影响植物的光形态建成，Achard 等（2009）研究表明，拟南芥突变体在黑暗下萌发，下胚轴缩短，在自然光下突变体的下胚轴没有受光调控，实验结果表明赤霉素在植物光形态建成过程中起着重要的调控作用。何伟等（2022）研究表明，在黑暗条件下用不同浓度的赤霉素对赤芍种子进行浸种处理，发现添加外源赤霉素能够提高赤芍的萌发率及解除下胚轴的抑制效应。当植物受到胁迫时，正常的生长发育受到阻碍，外施赤霉素对植物幼苗在受到盐胁迫伤害时有一定缓解作用，研究表明外施赤霉素能有效缓解盐胁迫对植物种子的萌发和幼苗的正常生长发育的逆境胁迫。

生长素是维持植物正常生长发育的重要激素，合成部位在植物幼嫩组织，包括茎顶端组织、根尖等。随着技术的发展，如吲哚乙酸、萘乙酸、2,4-D 等生长素类似物被人工合成，其中吲哚乙酸和萘乙酸是最为常见的生长素，外施一定浓度的吲哚乙酸可诱导芽的伸长和根的发育。植物无性繁殖的主要方式为扦插育苗，植物扦插时切口附近会长出不定根，这是因为生长素主要积累在切口附近，生长素的积累诱发不定根的发生，可通过外施生长素诱导扦插苗切口处根毛的大量形成，继而影响扦插的成活率。相关研究表明植物根系中生长素能调节氮元素的运输，*CHL1* 的表达量升高，提高硝酸盐的运输能力从而提高氮元素的运输能力。在大部分植物中，外施生长素能够抑制花的形成，主要是由于生长素诱导乙烯产生的抑制作用。陈爱国等（2006）研究表明，烟草叶片快速生长期外施生长素能够提高烟叶的品质与产量，其原理为外施生长素调节成熟叶片中碳水化合物的分解与合成，进而作用于烟草叶片。姜翌等（1998）通过实验证明外源生长素能加速甘蓝的抱心，夏季高温下正常的甘蓝不能结球，外源生长素处理后的甘蓝能恢复结球性。

细胞分裂素是一类 N6-腺嘌呤类物质，与作物产量关系密切，在调控植物生长发育的过程中起关键作用，包括促进结实、解除顶端优势、促进细胞分裂、缩短从营养生长向生殖生长转变的时间。颜季琼（1958）等从经过高压灭菌处理的鲱鱼精细胞 DNA 分解产物中提纯出了一种能促进细胞分裂的活性物质——激动素（KT），随后研究人员又发现烟草组织内含有一种可以促进细胞分裂的物质，后将其命名为细胞分裂素。现在把生物体内天然合成的和人工合成的与激动素具有相同生理作用的物质统称为细胞分裂素。李维林等（2022）研究发现 CTK 诱导叶绿素分解酶降解，从而提高叶绿素含量、延缓叶片衰老和延长光合时间，对提高产量具有重要意义，与此相关，CTK 能够调控碳水化合物源库的分配。细胞分裂素还影响着植物根与茎的发育、营养信号传递、生物和非生物胁迫，细胞分裂素调控植物生长发育具有剂量效应，即“低浓度促进、高浓度抑制”。

植物中最先发现的甾醇类激素为油菜素甾醇类物质（Brassinosteroid，BR），2,4-表油菜素内酯（2,4-EBL）作为 BR 的高活性合成类似物，具有调节细胞伸长与分裂，调控植物种子及根部发育，调节植物光合作用，提高果实产量和品质等作用。2,4-EBL 可以缓解植物在生物和非生物条件下的胁迫，促进植物在高温、低温、盐和干旱等方面的生长发育，增强对环境压力的耐受性，提高植物抗氧化防御，清除植物体内过量的活性氧（ROS）自由基，调控渗透调节系统，提高光合作用。因此，2,4-EBL 具有协助植物在逆境环境下修复的潜力。水杨酸（SA）是一种小分子酚类物质，是调节植物响应外界胁迫的一种重要激素。水杨酸参与调节植物体内种子萌发、植株开花、膜通透性及离子吸收等多种生理生化过程。前人研究发现，水杨酸能诱导植物对干旱、水分、低温等多种非生物胁迫的抗性。不仅如此，SA 能够缓解重金属对植物的毒害作用，增强植物的重金属抗性。

8.2 植物激素对工业大麻生长的影响

8.2.1 植物激素对工业大麻种子萌发和出苗的影响

经过不同种类、不同浓度的激素处理，工业大麻种子的发芽率均有一定程度降低。有研究表明，KT 和 GA3 激素处理条件下，随着激素浓度的提高，发芽率显著降低；而 IAA 处理过的工业大麻种子发芽率却没有显著变化，3 个浓度梯度（10mg/L、50mg/L、100mg/L）的发芽率分别为 88%、86%、88%，与对照相比都没有显著差异；ETH 激素处理条件下，在 3 个浓度条件下（1mg/L、50mg/L、100mg/L）也没有显著差异。KT 和 GA3 浸种处理，发芽势随着浓度的升高而降低，并且部分表现出显著差异，IAA 和 ETH 激素处理，发芽势没有显著差异。可能是由于种子对不同激素的响应不同，也可能是种子自身的活力不同引起个体间的差异所致。

8.2.2 植物激素对工业大麻生理状态的影响

工业大麻在生产生活中，具有巨大的开发利用价值，针对生长过程中生理指标的研究有助于产量的提升。刘丽杰等（2024）使用外源激素生长素（IAA）和细胞分裂素（6-BA）处理工业大麻，探究不同植物激素对工业大麻生理代谢的影响。结果显示，不同处理间 POD 活性存在差异。与对照相比，IAA 处理组中，雌麻叶片 POD 的活性均降低，并且随 IAA 浓度的增加，POD 活性呈现逐渐上升趋势，但无显著差异。而雄麻的 POD 活性则无显著变化，且活性均低于相同处理的雌麻。与对照组相比，激素 6-BA 处理组中，雌麻 POD 活性均低于对照组，且 6-BA 15 处理组达到了显著水平（$P<0.05$）。而雄麻较对照，POD 活性无明显差异，除 6-BA 15 处理组，雄麻 POD 活性均显著低于雌麻（$P<0.05$）。同样，不同处理间 CAT 活性存在显著差异。与对照相比，IAA 处理组中，雌雄麻的 CAT 活性均低于对照，但随着激素浓度的增加，CAT 活性升高。其中，IAA 30 处理组显著低于对照组（$P<0.05$）。与对照组相比，6-BA 处理组中，仅有 6-BA 15 处理组降低了 CAT 活性，其余均提高了雌雄麻叶片中的 CAT 活性，且 6-BA 30 处理组效果最为显著（$P<0.05$）。雌雄麻间比较，雄麻的 CAT 活性均低于雌麻，除 6-BA 30 处理组差异达到显著水平（$P<0.05$），其余组差异均不显著。类似地，不同处理组间 SOD 活性存在显著差异。与对照相比，IAA 处理组中，雌雄麻 SOD 活性均有所提高，随激素浓度的增加，呈现先升后降的趋势，其中，在 IAA 60 和 IAA 120 处理组与对照差异显著（$P<0.05$）。6-BA 处理组中，只有 6-BA 15 和 6-BA 30 处理组提高了 SOD 活性，6-BA 60 和 6-BA 120 处理组相较于对照，SOD 活性则有所降低，但差异均不显著。雌雄麻间比较，雄麻的 SOD 活性均低于雌麻，且差异不显著。此外，该研究还针对可溶性糖、可溶性蛋白质进行了测定。在可溶性糖的测定中，IAA 处理组与对照相比，可溶性糖含量均显著降低（$P<0.05$），随激素浓度增加，呈先升后降的趋势，其中，IAA 120 处理组可溶性糖含量达到最低点。6-BA 处理组中，6-BA 60 处理组显著提高了可溶性糖含量（$P<0.05$），除 6-BA 120 雄麻可溶性糖含量高于对照，其余处理组相较于对照而言，可溶性糖含量均显著降低（$P<0.05$）。雌雄麻间比较，除对照组中雄麻含量显著低于雌麻（$P<0.05$），其余组雌雄麻含量差异不显著。不同激素处理植株叶片可溶性蛋白质含量有所差异。与对照相比，激素 IAA 处理组中，可溶性蛋白含量均显著降低（$P<0.05$），不同浓度 IAA

处理组间差异不显著。激素 6-BA 处理组中的可溶性蛋白含量与对照相比，无显著差异。雌雄麻间比较，除 IAA 30 组雄麻可溶性蛋白含量显著高于雌麻（$P<0.05$），其余处理组中，雌雄麻组间无显著差异。激素 IAA 可促进植株茎的发育，IAA 处理组可溶性蛋白显著降低可能与蛋白质等营养物质供给茎的发育有关。而雌麻中可溶性糖和可溶性蛋白含量均略高于雄麻，这可能是由于成熟期雌麻植株比雄麻植株高大茂盛，所以雌麻营养物质积累量较高。

其他研究对大麻素途径的相关酶活性进行测定，结果显示，使用低浓度（1mg/L）KT 浸种处理工业大麻，HMGR 酶活性（101.20IU/L）与对照相比增加了 18.61%，达到显著差异；与对照相比，在低浓度（10mg/L）IAA 和高浓度（100mg/L）IAA 浸种处理工业大麻可使 HMGR 酶活性显著提高，分别达到 107.53IU/L 和 107.64IU/L；1mg/L、50mg/L 和 100mg/L ETH 浸种处理对 HMGR 和 DXS 酶活性没有显著影响；50mg/L 的 GA3 处理显著降低了 DXS 的酶活性，为 188.23IU/L（降低 25.56%）。结果表明，HMGR 和 DXS 酶活性在 4 种不同激素不同浓度处理下变化没有一定规律可循，与 THC 含量也没有显著相关性。外源激素具体作用于大麻素合成途径哪一步骤还有待进一步研究。对农艺性状进行统计的结果显示，外源激素喷施处理花期 2 周工业大麻时，20mg/L、40mg/L 和 100mg/L 的 KT，10mg/L、100mg/L 和 200mg/L GA3 喷施可使整株鲜重显著高于对照，20mg/L、40mg/L 和 100mg/L KT 喷施显著抑制分枝长增量，株高增量无显著变化。10mg/L、100mg/L 和 200mg/L GA3 喷施显著提高了分枝长增量和株高增量，其中整株重和分枝长增量随着浓度的增加逐渐降低。产生这种差异可能是因为 GA3 虽然促进了分枝长和株高，但同时使花序的形态变化成细小枝条而 KT 却使花序更加饱满。低浓度 ETH 喷施处理可显著提高整株重和株高增量，高浓度处理则使整株重显著降低，茎粗增量与分枝长增量无显著变化。外源激素喷施处理花期 4 周工业大麻时，10mg/L、100mg/L 和 200mg/L ETH 与 20mg/L、40mg/L 和 100mg/L KT 喷施处理工业大麻，与对照相比，整株鲜重、株高增量、茎粗增量以及分枝长增量均无显著变化。10mg/L、100mg/L 和 200mg/L GA3 喷施，茎粗增量与对照无显著差异，10mg/L GA3 喷施可降低植株整株鲜重、100mg/L 和 200mg/L GA3 喷施可提高植株整株重，但都没有达到显著水平，3 种浓度下均提高了株高与分枝长增量且均显著。这表明 GA3 处理可有效提高株高和分枝长，但对植株的生物产量无太大影响。外源激素喷施处理花期 6 周工业大麻时，10mg/L、100mg/L 和 200mg/L ETH 喷施工业大麻 DMG227 品种，整株鲜重、株高增量、茎粗增量以及分枝长增量与对照相比均无显著变化。与对照相比，10mg/L、100mg/L 和 200mg/L GA3 喷施显著增加了整株鲜重、株高增量和分枝长增量。20mg/L 和 100mg/L KT 喷施显著提高了植株的整株重。这表明 ETH 对植株的生物产量无显著影响，GA3 和 KT 激素对植株生物产量有一定促进作用。这些结果表明，外源激素对工业大麻生理生长有一定影响，适宜的激素及浓度能够提升产量，有应用于生产的潜力。

主要参考文献

常丽，唐慧娟，李建军，等，2017. 大麻 CBDA1 基因的生物信息学分析［J］. 安徽农业科学，45（29）：144-148.

陈爱国，王树声，申国明，等，2006. 打顶时间与外源生长素对烟叶成熟衰老及产质量的影响［J］. 中国烟草科学（4）：27-30.

陈璇，郭蓉，王璐，等，2018. 基于全基因组重测序的野生型大麻和栽培型大麻的多态性 SNP 分析［J］. 分子植物育种，16（3）：893-897.

程超华，李育君，赵立宁，等，2011. 三重处理法获得大麻种子无菌苗研究［J］. 中国麻业科学，33（1）：24-26，38.

程超华，2023. 应用多组学方法研究工业大麻应对机械损伤的响应机制［D］. 武汉：华中农业大学.

程霞. 2016，工业大麻响应盐胁迫的蛋白应激机制研究［D］. 昆明：云南大学.

杜明凤，李明军，陈庆富，2012. 淫羊藿属植物 PCR-RFLP 遗传多样性研究［J］. 中草药，43（3）：562-567.

房耀宇，杨金莲，郭新颖，等，2022. 利用 CRISPR/Cas9 技术编辑 Pi21 和 Badh2 基因改良水稻稻瘟病抗性和香味品质［J/OL］. 分子植物育种：1-23. https：//kns. cnki. net/kcms/detail/46. 1068. S. 20220520. 1305. 004. html

巩振辉，申书兴，2013. 植物组织培养［M］. 第 2 版. 北京：化学工业出版社.

谷雨田，1989. 怎样识别大麻的雄雌株［J］. 农业科技通讯（7）：14.

郭佳，裴黎，彭建雄，等，2008. 应用 AFLP 检测大麻遗传多样性［J］. 中国法医学，24（5）：330-332.

郭丽，张海军，王明泽，等，2015. 大麻雄性基因连锁 AFLP 分子标记的筛选及鉴定［J］. 中国麻业科学，，37（1）：5-8.

郝巍，纪志远，郑凯丽，等，2018. 利用基因组编辑技术创制水稻白叶枯病抗性材料［J］. 植物遗传资源学报，19（3）：523-530.
何伟，李会萍，高平，等，2022. 外源赤霉素处理对解除川赤芍种子下胚轴休眠的影响［J］. 农业科学与技术，23（2）：20-23.
胡华冉. 2015，盐碱胁迫对大麻种子萌芽和生长的影响［D］. 昆明：云南大学.
胡颂平，刘选明，2014. 植物细胞组织培养技术/全国高等农林院校生物科学类专业"十二五"规划系列教材［M］. 北京：中国农业大学出版社.
胡尊红，郭鸿彦，胡学礼，等. 2012. 大麻品种遗传多样性的 AFLP 分析［J］. 植物遗传资源学报，13（4）：555-561.
怀浩，宁康，侯聪，等，2022. 火麻仁基原植物 bZIP 基因家族鉴定及其调控油脂代谢的功能初探［J］. 药学学报，57（8）：2528-2542.
姜翌，何玉科，巩振辉，等，1998. 甘蓝转生长素基因系自交后代叶球和根系的发育特征［J］. 西北植物学报（2）：72-77.
姜颖，冯乃杰，王晓楠，等，2019. 工业大麻雄性相关 RAPD 和 SCAR 标记的筛选与鉴定［J］. 作物杂志（3）：66-72.
姜颖，孙宇峰，韩喜财，等，2019. 大麻 THCA 合成酶基因（CsTHCA）RNA 干扰载体的构建及遗传转化［J］. 植物遗传资源学报，20（1）：207-214
姜颖，孙宇峰，李秋芝，等，2017. 大麻中 THCA 合成酶基因的表达分析［J］. 中国麻业科学，39（06）：278-282，287.
孔佳茜，赵铭森，孟晓康，等. 2020. PEG 模拟干旱胁迫对大麻种子萌发的影响［J］. 种子，39（9）：26-30，52.
李仕金，辛培尧，郭鸿彦，等，2012. 大麻雄性相关 RAPD 和 SCAR 标记的研究［J］. 分子植物育种，19（24）：8223-8232.
李璇，卜秋力，李光菊，等. 2019，磷对工业大麻苗期生长生理影响研究［J］. 云南大学学报：自然科学版，41（5）：1031-1037.
刘家佳，2016. 工业大麻盐胁迫转录组学研究［D］. 昆明：云南大学.
刘丽，2008. 无融合生殖龙须草 SSR 分析和遗传学研究［D］. 武汉：华中农业大学.
刘丽杰，孙玉婷，丁美云，等，2024. 植物激素 IAA 和 6-BA 对汉麻生理代谢及性别分化的影响［J/OL］. 分子植物育种：1-8.
刘以福，唐祥发，1984. 大麻组织培养首次获得绿苗［J］. 中国麻作（2）：29，19.

马丹丹，2014. 诱导苎麻无融合生殖研究［D］. 武汉：华中农业大学.
潘根，陶杰，聂荣，等，2021. 大麻 CBDAS 基因家族成员的全基因组鉴定及表达分析［J］. 华北农学报，6（S1）：1-7.
彭子模，原惠，1998. 用甲基红鉴定几种植物雌雄株［J］. 生物学通报（2）：40.
强晓霞，2012. 大麻性别分化的生理学研究［D］. 南京：南京农业大学.
宋书娟，刘卉，邵宏，2002. 大麻性别连锁的特异 DNA 标记的初步研究［J］. 中国药物依赖性杂志（3）：182-184.
孙哲，王金娥，乔永刚，2021. 工业大麻发育早期雌雄株鉴定方法的研究［J］. 农业与技术，41（14）：20-24.
谭燕群，王铃林，严奕，等，2014. 全雌性苎麻胚胎学研究［J］. 作物研究，28（1）：31-33.
汤志成，陈璇，张庆滢，等，2013. 野生大麻种质资源表型及其 RAPD 遗传多样性分析［J］. 西部林业科学，42（3）：61-66.
陶杰，潘根，黄思齐，等，2022. 工业大麻性别连锁 Indel 标记的筛选与鉴定［J］. 中国麻业科学，44（3）：143-150，164.
王晶，李建，史根生，等，2020. 利用 SRAP 分子标记研究山西省野生山丹的遗传多样性［J］. 山西农业大学学报（自然科学版），40（6）：46-53.
王晓敏，吕瑞娜，李长田，2020. 应用 SRAP、ISSR 和 TRAP 标记构建金针菇分子遗传连锁图谱［J］. 分子植物育种，18（13）：4377-4383.
王雪松，周雨晴，李丹，等，2018. 基于 PCR-RFLP 的西洋参和人参指纹特征鉴定［J］. 北华大学学报（自然科学版），19（1）：49-52.
吴姗，2021. 外源激素对大麻中大麻素含量的影响及转录组分析［D］. 北京：中国农业科学院.
信朋飞，臧巩固，赵立宇，等，2014. 大麻 SSR 标记的开发及指纹图谱的构建［J］. 中国麻业科学，36（4）：174-182.
许艳萍，杨明，郭鸿彦，等. 2020，5 个工业大麻品种对 5 种重金属污染土壤的修复潜力［J］. 作物学报，46（12）：1970-1978.
颜季琼，张志良，赵可夫，1958. 两种最新的植物生长刺激素：赤霉素和激动素［J］. 生物学教学（1）：25-27.
阳志刚，2010. SSR 标记在亲本和孤雌生殖后代鉴定中的应用［D］. 长沙：中南大学.

尹丽颖，张元野，李荣田，等，2022. 利用 CRISPR/Cas9 技术创制高效抗除草剂水稻［J］. 中国水稻科学，36（5）：459-466.

尹彦，方秀娟，韩旭，1987. 雌型黄瓜杂交种的制种技术［J］. 中国蔬菜（2）：25-26.

张利国，2008. 27 种大麻资源的 RAPD 聚类分析［J］. 黑龙江农业科学（2）：14-16.

张利国，宋宪友，房郁妍，等，2012. 大麻新品种龙大麻一号再生体系初探［J］. 中国麻业科学，34（3）：112-114.

张利国，张效霏，常缨，等，2014. 大麻 ISSR 反应体系的优化与引物的初步筛选［J］. 中国农学通报，30（12）：105-109.

张琼琼，黄兴如，郭逍宇，2016. 基于 T-RFLP 技术的不同水位梯度植物根际细菌群落多样性特征分析［J］. 生态学报，36（14）：4518-4530.

赵仲麟，常志远，袁超，等，2018. PCR-RFLP 定量检测川贝母真伪的研究［J］. 河南农业大学学报，52（2）：249-253.

周亚秋，2017. 化学药剂诱发木薯无融合生殖种质创制及鉴定研究［D］. 海口：海南大学.

ACHARD P，GUSTI A，CHEMINANT S，et al.，2009. Gibberellin signaling controls cell proliferation rate in Arabidopsis［J］. Current Biology，19（14）：1188-1193.

ADAMEK K，JONES A M P，TORKAMANEH D，2022. Accumulation of somatic mutations leads to genetic mosaicism in cannabis［J］. Plant Genome，15（1）：e20169.

AHMAD M A，JAVED R，ADEEL M，et al.，2020 Engineered ZnO and CuO nanoparticles ameliorate mor-phological and biochemical response in tissue culture regenerants of candyleaf（*Stevia rebaudiana*）［J］. Molecules，25：1356.

AHMED S，GAO X，JAHAN MA，et al.，2021. Nanoparticle-based genetic transformation of *Cannabis sativa*［J］. Journal of Biotechnology，20（326）：48-51.

ANDRE C，VERCRUYSSE A，1976. Histochemical study of the stalked glandular hairs of the female cannabis plants，using fast blue salt［J］. Planta medica，29（4）：361-366.

BEARD K M，BOLING A W H，BARGMANN B O R，2021. Protoplast isolation，transient transformation，and flow-cytometric analysis of reporter-gene activation in *Cannabis sativa* L.［J］. Industrial Crops and Products，164：113360.

CHEN Y, SHEN J, ZHANG L, et al., 2021. Nuclear translocation of OsMFT1 that is impeded by OsFTIP1 promotes drought tolerance in rice [J]. Molecular Plant, 14 (8): 1297-1311.

CHEN Y, LI C, YI J, et al., 2019. Transcriptome response to drought, rehydration and re-dehydration in potato [J]. International Journal of Molecular Sciences, 21 (1): 159.

CHENG C H, ZANG GG, ZHAO L N, et al., 2016. A rapid shoot regeneration protocol from the cotyledons of hemp (*Cannabis sativa* L.) [J]. Industrial crops and products, 83: 61-65.

DE MEIJER E P M, BAGATTA M, CARBONI A, et al., 2003. The inheritance of chemical phenotype in *Cannabis sativa* L. [J]. Genetics, 163: 335-346.

DE MEIJER E P M, VAN DER K, VAN EEUWIJK F A, 1992. Characterization of Cannabis accessions with regard to cannabinoid content in relation to other plant characters [J]. Euphytica, 62: 187-200.

DEGUCHI M, BOGUSH D, WEEDEN H, et al., 2020. Establishment and optimization of a hemp (*Cannabis sativa* L.) agroinfiltration system for gene expression and silencing studies [J]. Scientific Reports, 10 (1): 1-11.

FARAG S, KAYSER O, 2015. Cannabinoids production by hairy root cultures of *Cannabis sativa* L. [J]. American Journal of Plant Sciences, 6 (11): 1874-1884.

FEENEY M, PUNJA Z K, 2003. Tissue culture and agrobacterium-mediated transformation of hemp (*Cannabis sativa* L.) [J]. In Vitro Cellular & Developmental Biology Plant, 39 (6): 578-585.

FENG C, YUAN J, WANG R, et al., 2016. Efficient targeted genome modification in maize using CRISPR/Cas9 system [J]. Journal Of Genetics And Genomics, 43 (1): 37-43.

FETTERMAN P S, DOORENBOS N J, KEITH E S, et al., 1971. A simple gas liquid chromatography procedure for determination of cannabinoidic acids in *Cannabis sativa* L. [J]. Experientia, 27 (8): 988-990.

FLORES-SANCHEZ I J, PEČ J, FEI J, et al., 2009. Elicitation studies in cell suspension cultures of *Cannabis sativa* L. [J]. Journal of Biotechnology, 143 (2): 157-168.

FORAPANI S, CARBONI A, PAOLETTI C, et al., 2001. Comparison of hemp varieties using random amplified polymorphic DNA markers [J]. Crop Science, 41 (6): 1682-1689.

GABOTTI D, LOCATELLI F, CUSANO E, et al., 2019. Cell suspensions of *Cannabis sativa* (var. *futura*): effect of elicitation on metabolite content and antioxidant activity [J]. Frontiers in Plant Science, 11: 645.

GALÁN-ÁVILA A, GARCÍA-FORTEA E, PROHENS J, et al., 2020. Development of a direct *in vitro* plant regeneration protocol from *Cannabis sativa* L. seedling explants: developmental morphology of shoot regeneration and ploidy level of regenerated plants [J]. Frontiers in Plant Science, 11: 645.

HAIDEN S R, APICELLA P V, MA Y, et al., 2022. Overexpression of CsMIXTA, a transcription factor from *Cannabis sativa*, increases glandular trichome density in tobacco leaves [J]. Plants (Basel), 11 (11): 1519.

KAN Y, MU X R, ZHANG H, et al., 2022. TT2 controls rice thermotolerance through SCT1-dependent alteration of wax biosynthesis [J]. Nature Plants, 8 (1): 53-67.

KIM D H, GOPAL J, SIVANESAN I, 2017. Nanomaterials in plant tissue culture: the disclosed and undisclosed [J]. RSC Advances, 7: 36492-36505.

LASPINA N V, VEGA T, SEJJO J G, et al., 2008. Gene expression analysis at the onset of aposporous apomixis in *Paspalum notaum* [J]. Plant Molecular Biology, 67: 615-628.

LI J, MENG X B, ZONG Y, et al., 2016. Gene replacements and insertions in rice by intron targeting using CRISPR-Cas9 [J]. Nature Plants, 2: 16139.

MA G, ZELMAN A K, APICELLA P V, et al., 2022. Genome-wide identification and expression analysis of homeodomain leucine zipper subfamily IV (HD-ZIP IV) gene family in *Cannabis sativa* L. [J]. Plants (Basel), 11 (10): 1307.

MACKINNON L, MCDOUGALL G, AZIZ N, et al., 2020. Progress towards transformation of fibre hemp [J]. Genetics, 18: 84-86.

MOHER M, JONES M, ZHENG Y, 2021. Photoperiodic response of *in vitro Cannabis sativa* plants [J]. HortScience, 56 (1): 108-113.

MORGIL H, TARDU M, CEVAHIR G, et al., 2019. Comparative RNA-Seq analysis of the drought-sensitive lentil (*Lens culinaris*) root and leaf under short and long term water deficits [J]. Functional&Integrative Genomics, 19 (5): 715-727.

NONG Y F, ZHU D S, LI J, 2019. Establishment of tissue culture regeneration system in Bama hemp (*Cannabis sativa* L.) [J]. Agricultural Biotechnology, 8 (6): 1-3.

PAGE S R G, MONTHONY A S, JONES A M P, 2021. DKW basal salts improve micropropagation and callogenesis compared to MS basal salts in multiple commercial cultivars of *Cannabis sativa* [J]. Botany, 99: 269-279.

PIUNNO K F, GOLENIA G, BOUDKO E A, et al., 2019. Regeneration of shoots from immature and mature inflorescences of *Cannabis sativa* [J]. Canadian Journal of Plant Science, 99 (4): 556-559.

SCHACHTSIEK, J, HUSSAIN, T, AZZOUHRI K, 2019. Virus-induced gene silencing (VIGS) in *Cannabis sativa* L. [J]. Plant Methods, 15: 157.

SHI J, GAO H, WANG H, et al., 2017. ARGOS8 variants generated by CRISPR-Cas9 improve maize grain yield under field drought stress conditions [J]. Plant Biotechnology Journal, 15 (2): 207-216.

SIRIKANTARAMAS S, MORIMOTO S, SHOYAMA Y, et al., 2004. The gene controlling marijuana psychoactivity: molecular cloning and heterologous expression of Δ^1-tetrahydrocannabinolic acid synthase from *Cannabis sativa* L. [J]. Journal Of Biological Chemistry, 279 (38): 39767-39774.

ŚLUSARKIEWICZ-JARZINA A, PONITKA A, KACZMAREK Z, 2005. Influence of cultivar, explant source and plant growth regulator on callus induction and plant regeneration of *Cannabis sativa* L. [J]. Acta Biologica Cracoviensia Series Botanica, 47 (2): 145-151.

SMALL E, BECKSTEAD H D, 1973. Common cannabinoid phenotypes in 350 stocks of Cannabis [J]. Lloydia 36, 144-165.

SMÝKALOVÁ I, VRBOVÁ M, CVEČKOVÁ M, et al., 2019. The effects of novel synthetic cytoKINin derivatives and endogenous cytoKINins on the in vitro growth responses of hemp (*Cannabis sativa* L.) explants [J]. Plant Cell, Tissue and Organ Culture (PCTOC), 139 (2): 381-394.

SOROKIN A, YADAV N S, GAUDET D, et al., 2020. Transient expression of theβ-glucuronidase gene in *Cannabis sativa* varieties [J]. Plant Signaling & Behavior, 15 (8): 1780037.

SVITASHEV S, SCHWARTZ C, LENDERTS B, et al., 2016. Genome editing in maize directed by CRISPR-Cas9 ribonucleoprotein complexes [J]. Nat Commun, 7: 13274.

VAN BAKEL H, STOUT J M, COTE A G, et al., 2011. The draft genome and transcriptome of *Cannabis sativa* [J]. Genome Biology, 12 (10): R102.

WAHBY I, CABA J M, LIGERO F, 2013. Agrobacterium infection of hemp (*Cannabis sativa* L.): establishment of hairy root cultures [J]. Journal of Plant Interactions, 8 (4): 312-320.

XU B Q, GAO X L, GAO J F, et al., 2019. Transcriptome profiling using RNA-seq to provide insights into foxtail millet seedling tolerance to short-term water deficit stress induced by PEG-6000 [J]. Journal of Integrative Agriculture, 18 (11): 2457-2471.

ZHANG M, LI Y, LIANG X, et al., 2023. A teosinte-derived allele of an HKT1 family sodium transporter improves salt tolerance in maize [J]. Plant Biotechnology Journal, 21 (1): 97-108.

ZHANG X, XU G, CHENG C, et al., 2021. Establishment of an agrobacterium-mediated genetic transformation and CRISPR/Cas9-mediated targeted mutagenesis in hemp (*Cannabis Sativa* L.) [J]. Plant biotechnology Journal, 19 (10): 1979-1987.

ZHANG Y, ZHAO L, XIAO H, et al., 2020. Knockdown of a novel gene OsTBP2.2 increases sensitivity to drought stress in rice [J]. Genes, 11: 629.

ZHAO X, BAI S, LI L, et al., 2020. Comparative transcriptome analysis of two *Aegilops tauschii* with contrasting drought tolerance by RNA-Seq [J]. International Journal of Molecular Sciences, 21: 3595.

ZHOU Y B, XU S C, JIANG N, et al., 2022. Engineering of rice varieties with enhanced resistances to both blast and bacterial blight diseases via CRISPR/Cas9 [J]. Plant Biotechnology Journal, 20 (5): 876-885.

ZHU J, SONG N, SUN S, et al., 2016. Efficiency and inheritance of targeted mutagenesis inmaize using CRISPR Cas9 [J]. Journal of Genetics and Genomics, 43 (1): 25-36.

ZIRPEL B, STEHLE F, KAYSER O, 2015. Production of Delta 9-tetrahydrocannabinolic acid from cannabigerolic acid by whole cells of *Pichia* (*Komagataella*) *pastoris* expressing Delta 9-tetrahydrocannabinolic acid synthase from *Cannabis sativa* L. [J]. Biotechnology Letters, 37: 1869-1875.

附录

附录一　大麻系列制品通用技术要求
（DB37/T 1646—2010）

1　范围

本标准规定了大麻系列制品的术语和定义、通用技术要求、基本安全要求、试验方法、检验规则、包装标志和使用说明。

本标准适用于以大麻为原料，经纺织工艺制成的大麻系列制品。

2　规范性引用文件

下列文件对于本文件的应用是必不可少的。凡是注日期的引用文件，仅所注日期的版本适用于本文件。凡是不注日期的引用文件，其最新版本（包括所有的修改单）适用于本文件。

GB 250　纺织品　色牢度试验　评定变色用灰色样卡

GB 251　评定沾色用灰色样卡

GB/T 2910.1～2910.24　纺织品　定量化学分析

GB/T 3920　纺织品　色牢度试验　耐摩擦色牢度

GB/T 3921　纺织品　色牢度试验　耐皂洗色牢度

GB/T 3922　纺织品耐汗渍色牢度试验方法

GB/T 3923.1　纺织品织物拉伸性能　第1部分：断裂强力和断裂伸长率的测定条样法

GB/T 4666 纺织品 织物长度和幅宽的测定

GB/T 4856 针棉织品包装

GB 5296.4 消费品使用说明 纺织品和服装使用说明

GB/T 8628 纺织品 测定尺寸变化的试验中织物试样和服装的准备、标记及测量

GB/T 8629 纺织品 试验用家庭洗涤和干燥程序

GB/T 8630 纺织品 洗涤和干燥后尺寸变化的测定

GB 18401 国家纺织品基本安全技术规范

FZ/T 01053 纺织品 纤维含量的标识

SN/T 0756 进出口麻/棉混纺产品定量分析方法显微投影仪法

3 术语和定义

下列术语和定义适用于本文件。

3.1 大麻

从大麻植物的茎部取得的纤维。

3.2 大麻系列制品

由大麻中提取的大麻纤维，经成纱、机织、染整、裁剪、缝制等工艺加工而成的纺织品。不包含大麻服装。

4 通用技术要求

4.1 产品的品等分为优等品、一等品、合格品。

4.2 产品的质量包括内在质量和外观质量。

4.3 内在质量包括断裂强力、纤维含量、水洗尺寸变化率、耐皂洗色牢度、耐摩擦色牢度、耐汗渍色牢度。内在质量要求见表1。

表 1　内在质量要求

考核项目		优等品	一等品	合格品
断裂强力 N	经向	不小于 350		
	纬向	不小于 250		
纤维含量,%		按 FZ/T 01053 执行		
水洗尺寸变化率,%	经向	不超过-4.0	不超过-5.0	不超过-6.0
	纬向	不超过-3.0	不超过-4.0	不超过-5.0
耐皂洗色牢度，级≥	变色	4	3~4	3
	沾色	4	3~4	3
耐摩擦色牢度，级≥	干摩	4	3~4	3
	湿摩	3~4	3	2~3
耐汗渍色牢度，级≥	变色	4	3~4	3
	沾色	4	3~4	3

4.4　外观质量包括规格尺寸、外观疵点。规格尺寸、外观质量要求见表 2。

表 2　外观质量要求

考核项目			优等品	一等品	合格品
规格尺寸偏差率,%			-1.0~+1.5	-1.5~+2，0	-2.0~+2.5
外观疵点	经向疵点		轻微	1 根	2 根
			明显	10cm	1/2 根
	纬向疵点	线状	轻微	1 道	2 道
			明显	不允许	1 道
		横档	轻微	不允许	1 道
			明显	不允许	1 道
	条块状疵点	轻微	不允许		1 道
		明显	3cm	4cm	6cm
		严重	0.4cm	0.6cm	1cm
	破损疵点	经纬共断	不允许		
		经纬脱离组织 3 根以上	不允许		
	缝纫疵点	针密低于 14 针/5cm 散角、跳两针	不允许		
	色差、色花	轻微	（3~4）级		3 级
	纬斜	轻微	3%	4%	5%
	点状散布性疵点	轻微	不允许		
		明显	不允许		

5　基本安全要求

应符合 GB 18401 的规定。

6　试验方法

6.1　内在质量的检测

6.1.1　断裂强力的检测

按 GB/T 3923.1 的规定执行。

6.1.2　纤维含量的检测

按 GB/T 2910、SN/T 0756 的规定执行。

6.1.3　水洗尺寸变化率的检测

按 GB/T 8628、GB/T 8629 中洗涤 5A，干燥 A 法或 F 法和 GB/T 8630 的规定执行，其中洗涤溶液为清水仲裁检验以 A 法为准。

6.1.4　色牢度的检测

6.1.4.1　耐皂洗色牢度的检测

按 GB/T 3921 的规定执行。

6.1.4.2　耐汗渍色牢度的检测

垓 GB/T 3922 的规定执行。

6.1.4.3　耐摩擦色牢度的检测

按 GB/T 3920 的规定执行。

6.2　外观质量的检测

6.2.1　检验面混合照度相当于双管 40W 加罩日光灯，光源与检验面距离 1.2m，按表 2 的规定逐条检验，检验时将成品平铺在工作台上，以正面为主。

6.2.2　检验外观疵点以经向或纬向最大长度计量，“根”与“道”是指外观疵点和宽度的计量单位。

6.2.3　色差、色花深浅程度按 GB 250 评定，油污色渍按 GB 251 评定。

6.2.4　外观疵点名称及程度说明见附录 A。

7 检验规则

7.1 抽样

7.1.1 内在质量检验抽样方案见表 3。

表 3 内在质量检验抽样方案

批量范围（*N*）	样本大小（*n*）	合格判定数（*Ac*）	不合格判定数（*Re*）
2~1 200	2	0	1
1 201~3 200	3	0	1
3 201~10 000	5	0	1
>10 000	8	0	1

7.1.2 外观质量检验抽样方案见表 4。

表 4 外观质量检验抽样方案

批量范围（*N*）	样本大小（*n*）	合格判定数（*Ac*）	不合格判定数（*Re*）
20~1 200	20	1	2
1 201~10 000	32	3	4
10 001~35 000	50	5	6
>35 000	80	10	11

7.1.3 检验样本应从检验批中随机抽取，外包装应完整。

7.1.4 当样本大小 *n* 大于批量 *N* 时，实施全检，合格判定数 *Ac* 为 0。

7.1.5 抽样方案另有规定和合同协议的，按有关规定和合同协议执行。

7.2 检验规则

7.2.1 单件产品内在质量、外观质量分别按表 1、表 2 中最低一项评定，综合质量按内在质量和外观质量中的最低等评定。

7.2.2 批判定时内在质量及外观质量按表 3、表 4 执行。不合格数小于或等于 *Ac*，则判检验批合格；不合格数大于或等于 *Re*，则判检验批不合格。

7.2.3 综合质量批判定按内在质量抽样检验和外观质量抽样检查中最低等评定。

7.3 包装标志和使用说明

7.3.1 包装按 GB/T 4856 执行或按供需双方协议执行。

7.3.2 使用说明按 GB 5296.4 和 GB 18401 的规定执行。

7.4 其他

特殊品种及用户对产品有特殊要求的，由供需双方协商解决。

附录 A
（规范性附录）
外观疵点名称及程度说明

A.1 经向疵点：沿经向延伸的疵点。其具体内容包括：粗经、错支、综穿错、双经、松紧经、断经、跳纱及油、污、色经等。

A.2 纬向疵点：沿纬向延伸的疵点。其具体内容包括：条干不匀、错纬、脱纬、双纬、稀密路、杂物织入、竹节、跳纱及油、污、色纬等。

A.3 线状疵点：沿经向或纬向延伸的疵点，宽度不超过 0.3cm。

A.4 条块状疵点：沿经向或纬向延伸的疵点，宽度不超过 0.3cm。

A.5 散布性疵点：纬缩、结头、星跳、渗色、压版、拖版、错色、烫整折痕、油污色点等。

A.6 局部性疵点：轻微、明显程度规定见表 A.1。

表 A.1　外观疵点

线状	轻微	粗度相当于纱支 2~3 倍的粗经，综穿错形成线状错头，稀 1~2 根纱的筘路
	明显	粗度相当于纱支 3 倍及以上的粗经，综穿错形成锯齿状错头、断经、跳稀 2 根纱以上的筘路
条块状	轻微	3~4 级油、污、色疵，不明显影响外观的印染疵
	明显	并列错经，3 级的油、污、色疵，明显影响外观的印染疵
	严重	3 级以下的油、污、色疵
线状	轻微	粗度相当于纱支 2~3 倍的粗纬、脱纬、双纬、一道线状百脚、竹节纱
	明显	粗度相当于纱支 3 倍以上的粗纬、竹节纱、锯齿百脚，一梭 3 根的多纱

（续表）

条块状	轻微	粗度相当于纱支3倍以下的粗纬、不影响外观的印染疵、杂物织入，条干不匀
	明显	粗度相当于纱支3倍以上的粗纬、并列跳纱，明显影响外观的印染疵、杂物织入，条干不匀
横档	轻微	稀路及密路叠起来看不明显，折痕不起毛，经缩波纹
	明显	稀路及密路叠起来看得明显，折痕不起毛，经缩波纹，错支

A.7　纬斜的计算见式A.1。

$$纬斜率=\frac{纬斜与水平最大距离}{设计宽度}\times 100\% \quad \cdots\cdots\cdots\cdots\cdots\ (A.1)$$

附录二　大麻纤维加工　废弃物利用指南
（DB23/T 3155—2022）

1　范围

本文件给出了大麻纤维加工过程中产生废弃物利用的原则、生产管理、废弃物分类、生产加工利用方式。

本文件适用于指导大麻纤维生产加工过程中产生的非目标产物的综合利用。

2　规范性引用文件

下列文件中的内容通过文中的规范性引用而构成本文件必不可少的条款。其中，注日期的引用文件，仅该日期对应的版本适用于本文件；不注日期的引用文件，其最新版本（包括所有的修改单）适用于本文件。

GB/T 2893（所有部分）图形符号　安全色和安全标志

GB 2894　安全标志及其使用导则

GB/T 5226（所有部分）机械电气安全　机械电气设备

GB 10648　饲料标签

GB 13078　饲料卫生标准

GB/T 14699.1　饲料采样

GB/T 17285　电气设备电源特性的标记　安全要求

GB 18382　肥料标识　内容和要求

GB/T 18877　有机无机复混肥料

GB/T 20002.3　标准中特定内容的起草　第3部分：产品标准中涉及环境的内容

GB/T 32741　肥料和土壤调理剂　分类

NY/T 525　有机肥料

NY/T 2596　沼肥

3 术语和定义

下列术语和定义适用于本文件。

3.1 大麻纤维加工废弃物 hemp fiber processing waste

大麻纤维加工过程中产生的非目标产物。

3.2 大麻纤维加工废弃物利用 hemp fiber processing waste utilization

为减少大麻纤维加工过程中产生的废弃物对环境造成的污染，提高大麻纤维废弃物的利用率，按照大麻纤维废弃物的特点，通过应用技术措施，进行转化后再利用的过程。

4 原则

4.1 通过大麻纤维加工废弃物分类处理、资源合理循环利用，实现减量化、资源化、无害化。

4.2 依据大麻纤维加工废弃物的特点，因地、因时制宜，实现资源循环利用。

4.3 通过产学研结合，对传统技术与设备适用性进行升级改造，以新工艺、新型设备研发、中试、评估推广的方式，实现大麻非目标产物转化，提高低碳绿色产品供给水平。

4.4 加强大麻纤维加工废弃物处理的方法、工艺、设备、副产品、再加工利用产品，在新能源和低碳技术的知识产权培育，建立相关区块链知识产权专利导航、预警机制。

4.5 建立环保、节能、计量检测管理体系，支持低碳技术、零碳技术、负碳技术等技术验证的创新能力建设。

5 生产管理

5.1 企业和各类组织，具备合法的资质。

5.2　具有相匹配的固定场所、设施设备，达到环境保护和安全防护要求。

5.3　具有建立人员管理、生产管理、质量管理、安全应急管理、环境管理、知识产权管理等管理制度体系。

5.4　根据规模和大麻纤维加工废弃物利用项目类型，配置适宜数量的管理人员、专业技术人员、技术工人等各类工作人员。

6　废弃物分类

大麻纤维加工过程中，产生的麻屑、灰分（木质素、纤维素）、落麻、渣等非目标产物。

7　生产加工利用方式

7.1　原料化

7.1.1　建立废弃物作为原料利用的标准，包括的考虑因素：

——感官要求：包括但不限于结合采收、性状特点确立感官要求；

——理化要求：包括但不限于表达性状的理化指标项目和数值范围；

——安全要求：包括但不限于重金属、微生物限量，关注食品、药品原料相关标准的发布动态；

——检测方法：包括但不限于采收的方法、理化、安全的方法，方法选择时注意检测范围和检出限的合理选择，对使用两种方法时宜指明仲裁方法；

——检验规则：包括但不限于依据采收后，下一步工序需要制定验收规则；

——判定方法：包括但不限于依据国家、行业、团体、地方标准；

——贮存条件：包括但不限于节约物料、减少污染、控制采收物料成本。

7.1.2　建立废弃物再加工的工艺标准，包括的考虑因素：

——厂区布局：包括但不限于环境方面考虑废气、废水、固体废弃物、噪声的影响，从节约成本的角度考虑运输便利；

——图样要求：包括但不限于利用知识产权保护管理制度，采取专利优先，实用新型和外观设计补充，加强自主研制加工工艺及设备的保护；

——设备安装要求：包括但不限于总体布局、安全合理，宜按照 GB/T

17285、GB/T 2893、GB 2894 等相关规定；

——电气输送要求：包括但不限于液压系统、气压系统、配电工艺和风机、除尘器大中型设备用电布局，宜按照 GB/T 5226 规定；

——管理制度要求：包括但不限于考虑碳综合、节约能源和资源。

7.1.3 建立废弃物再加工的产品标准，包括的考虑因素：

——产品标准命名：包括但不限于明确产品领域，完整产品或部件产品；

——感官要求：包括但不限于再加工产品的颜色、性状、表面缺陷特点；

——理化要求：包括但不限于最大限度满足由性能特征进行符合性说明，列入的指标要满足可证实性，编写需要满足要求和以保障其适用性，明确可测量的产品理化指标项目和数值范围；

——安全要求：包括但不限于重金属指标、微生物指标；

——检测方法：包括但不限于取样实验、感官、理化、安全方法，选择时注意检测范围和检出限的合理选择，对使用两种方法时宜指明仲裁方法；

——检验规则：明确产品的使用者、制造商或供应商、用户或订货方、独立机构的需求，设置型式检验和出厂检验规则，避免部件、产品和完整产品之间的重复检测；

——判定方法：包括但不限于依据国家、行业、团体、地方标准；

——包装、贮存、运输要求：包括但不限于制定满足产品特性的包装、贮存、运输条件；

——管理要求：包括但不限于节约物料、减少污染、节约工时、提高生产的产品质量。

7.2 肥料化

7.2.1 完善间接还田方式、方法，包括但不限于堆沤还田、过腹还田、草木灰还田、沼渣还田、菌糠还田。

7.2.2 建立肥料化标准，满足生物质补充、土地改良的要求：

——产品分类：肥料和土壤调理剂分类，宜按照 GB/T 32741 规定的分类进行，名称命名宜按照 GB 18382 的规定；

——原料要求：包括但不限于感官、水分、营养成分、颗粒度、均匀度，卫生内容满足 GB 18382 的规定；

——检测方法：包括但不限于感官、理化、安全方法，选择时，注意检测范围和检出限的合理选择，对使用两种方法时宜指明仲裁方法，有机肥料宜按照 NY/T 525 规定，有机无机复混肥料宜按照 GB/T 18877 规定，沼肥宜按照 NY/T 2596 规定；

——检验规则：包括但不限于明确产品的使用者、制造商或供应商、用户或订货方、独立机构的需求，设置型式检验和出厂检验规则；

——判定方法：包括但不限于依据国家、行业、团体、地方标准；

——包装、贮存、运输要求：包括但不限于制定符合产品特性的包装、贮存、运输条件，肥料标签宜按照 GB 18382 的规定；

——管理要求：包括但不限于节约物料、减少污染、生物质高效利用；

——能源再生：宜换算能量转换方式在可存储和运输生物质的碳综合排放量；

——技术保障：包括但不限于制定新技术应用、研发配套设备、关键技术工业中试。

7.3　饲料化

7.3.1　建立饲料化方法，完善相关技术：

——物理方法：通过机械加工、辐射处理、蒸汽处理的方式提高使用价值；

——化学方法：利用化学制剂作用，使其内部发生变化，促进微生物分解，改善营养价值、提高消化率；

——生物处理：包括但不限于采用低能耗、低成本、效果佳的微生物发酵、酶解处理生物处理方法；

——复合处理：单一处理方法不能达到预期效果时，宜采用复合方法。

7.3.2　建立饲料化标准，满足产品化、市场化需求：

——产品分类：按喂养对象进行分类；

——原料要求：包括但不限于感官、水分、营养成分、颗粒度、均匀度，卫生内容宜按照 GB 13078 规定；

——检测方法：包括但不限于感官、理化、安全方法选择时，注意检测范围和检出限的合理选择，对使用两种方法时宜指明仲裁方法，采样宜按照 GB/T 14699.1 规定；

——检验规则：明确产品的使用者、制造商或供应商、用户或订货方、独立机构的需求，设置型式检验和出厂检验规则；

——判定方法：依据国家、行业、团体、地方标准的有关规定；

——包装、贮存、运输要求：制定满足产品特性的包装、贮存、运输条件，饲料标签宜按照 GB 10648 规定；

——管理要求：包括但不限于节约物料、减少污染、节约工时、提高生产产品质量。

7.4 能源化

7.4.1 建立能源化方法，完善相关技术：

——直接燃烧技术：包括但不限于燃烧供热、直接燃烧发电；

——发酵制沼气技术：包括但不限于直接使用沼气池制取、堆沤干湿发酵处理；

——生物质燃料技术：包括但不限于湿压成型、加热压缩成型、炭化成型；

——液化技术：包括但不限于直接液化、高温高压液化、微波液化。

7.4.2 建立能源化标准，满足生活生产、节能、减碳的要求：

——能源再生：宜换算能量转换方式在可存储和运输生物质的碳综合排放量；

——技术保障：包括但不限于制定新技术应用、研发配套设备、关键技术工业中试。

附录三 工业大麻标准体系构建原则
（DB23/T 3154—2022）

1 范围

本文件规定了构建工业大麻标准体系的基本原则、层次划分、标准体系结构图、标准明细表。

本文件适用于构建工业大麻标准体系，其他类型的组织可参照执行。

2 规范性引用文件

下列文件中的内容通过文中的规范性引用而构成本文件必不可少的条款。其中，注日期的引用文件，仅该日期对应的版本适用于本文件；不注日期的引用文件，其最新版本（包括所有的修改单）适用于本文件。

GB/T 13016—2018 标准体系构建原则和要求

3 术语和定义

GB/T 13016—2018 界定的以及下列术语和定义适用于本文件。

3.1 大麻 *Cannabis sativa* L.

大麻科大麻属作物，别名火麻、汉麻、线麻等。

［来源：NY/T 3252.1—2018，3.1］

3.2 工业大麻 industrial hemp

植株群体花期顶部叶片及花穗干物质中的四氢大麻酚（THC）含量 < 0.3%，不能直接作为毒品利用的大麻作物品种类型。

［来源：NY/T 3252.1—2018，3.3］

3.3 工业大麻标准体系 industrial hemp standard system

由若干个工业大麻标准和相关标准综合在一起，按照全面性、层次性、衔接性等方式，形成科学完备、协调配套的有机整体。

3.4 工业大麻标准体系表 industrial hemp standard system table

工业大麻标准体系模型，包括标准体系结构图、标准明细表，还可包括标准统计表和编制说明。

3.5 相关标准 the relevant standard

与工业大麻体系关系密切且需直接采用的其他标准。

4 基本原则

4.1 目标明确

工业大麻标准体系是为培育产业持续发展而服务的。构建工业大麻标准体系应梳理现有工业大麻标准及相关标准，按照功能进行归类，形成结构清晰、整体协调的标准体系，用以指导和规划工业大麻产业标准化建设。

4.2 全面成套

应围绕着工业大麻标准体系的目标展开，体现在工业大麻体系的整体性，即工业大麻体系的子体系及子子体系的全面完整，以及标准明细表所列工业大麻标准及相关标准的全面完整性。

4.3 层次适当

围绕工业大麻标准体系表编制，系统归纳工业大麻体系表编制的过程和方法，提出工业大麻标准体系表的层次结构、分类原则及编制方法，深入分析工业大麻标准制定和修订现状，并提出相应标准项目建设。

5 层次划分

5.1 基本要求

5.1.1 工业大麻标准体系表内的子体系或类别的划分，各子体系的范围和边界的确定，应依据工业大麻的行业发展需求进行划分。

5.1.2 根据标准的适用范围，恰当的将标准安排在不同的层次，同一标准不应同时列入两个或两个以上子体系中。

5.1.3 从个性标准出发，提取共性技术要求，作为上一层的共性标准，一般应尽量扩大标准的适用范围，或尽量安排在高层次上。

5.1.4 为便于理解、减少复杂性，标准体系的层次不宜太多，即应在大范围内协调统一标准，不应在数个小范围内各自制定，以达到体系组成尽量合理简化的要求。

5.1.5 工业大麻标准体系分为工业大麻通用标准体系和应用标准子体系。

5.2 通用标准子体系

5.2.1 基础标准

依据工业大麻标准化对象间的共性特征，遵循简化统一原则，建立基础标准。

5.2.2 质量标准

依据工业大麻全产业链质量保障需求及可量化要求，建立质量标准。

5.2.3 方法标准

依据工业大麻实验产品可证实性原则，建立方法标准。

5.2.4 保障标准

梳理、归纳工业大麻产业发展服务辅助标准，建立保障标准。

5.2.5 监管标准

通过数据存储、传输、归集、交换渠道，建立监管标准。

5.3 应用标准子体系

5.3.1 农业生产

建立农业生产标准子体系，包括育种和栽培标准。

5.3.2　设备

建立种植、收获、加工的设备标准子体系，包括但不限于通用型设备、专用型设备标准。

5.3.3　产品加工

建立不同用途的产品加工标准子体系，包括但不限于纺织、建筑、食品、医药的产品加工标准。

6　标准体系结构图

工业大麻标准体系结构图，符合附录 A。

7　标准明细表

工业大麻标准明细表，符合附录 B。

附录 A
（规范性）
工业大麻标准体系结构图

A.1　工业大麻标准体系结构图

图 A.1 规定了工业大麻标准体系的结构。

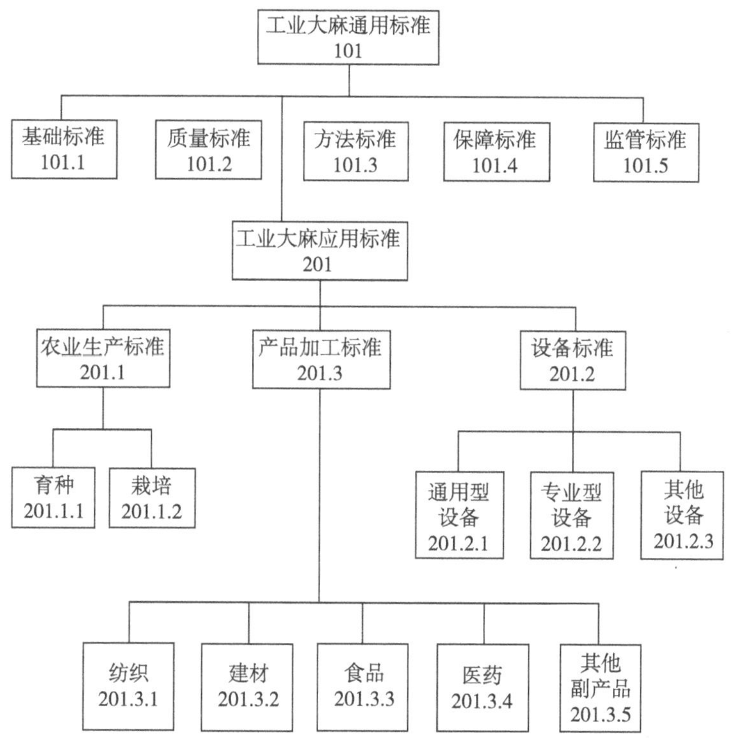

图 A.1　工业大麻标准体系模型结构

附录 B
（规范性）
工业大麻标准明细表

B.1 工业大麻标准明细表

按照第 4 章和第 5 章描述的编制方法，编制标准明细表 B.1。

表 B.1 工业大麻标准明细

序号	标准体系编号	标准号	标准名称	实施日期	备注
	101				
1	101.1	GB/T 1.1—2020	标准化工作导则 第 1 部分：标准化文件的结构和起草规则	2020-10-01	
2	101.1	GB/T 8695—1988	纺织纤维和纱线的形态词汇	1988-08-01	
3	101.1	GB/T 16900—2008	图形符号表示规则　总则	2009-01-01	
4	101.1	GB/T 19099—2003	术语标准化项目管理指南	2003-12-01	
5	101.1	GB/T 20000.1—2014	标准化工作指南 第 1 部分：标准化和相关活动的通用术语	2015-06-01	
6	101.1	GB/T 20000.3—2014	标准化工作指南　第 3 部分：引用文件	2015-06-01	
7	101.1	GB/T 20001.3—2015	标准编写规则　第 3 部分：分类标准	2016-01-01	
8	101.1	GB/T 20001.5—2017	标准编写规则　第 5 部分：规范标准	2018-04-01	
9	101.1	GB/T 20001.6—2017	标准编写规则　第 6 部分：规程标准	2018-04-01	
10	101.1	GB/T 20001.7—2017	标准编写规则　第 7 部分：指南标准	2018-04-01	
11	101.1	GB/T 20003.1—2014	标准制定的特殊程序 第 1 部分：涉及专利的标准	2014-05-01	
12	101.1	GB 4407.1—2008	经济作物种子　第 1 部分：纤维类	2008-09-01	
13	101.1	GB 4407.2—2008	经济作物种子　第 2 部分：油料类	2008-12-01	
14	101.1	GB/T 5707—2018	纺织品　麻纺织产品　术语	2019-07-01	
15			工业大麻标准体系构建原则		已制定待发布

（续表）

序号	标准体系编号	标准号	标准名称	实施日期	备注
16	101.2	GB/T 16984—2008	大麻原麻	2008-12-01	
17	101.2	GB/T 18146.1—2000	大麻纤维　第1部分：大麻精麻	2000-12-01	
18	101.2	GB/T 18146.2—2015	大麻纤维　第2部分：大麻麻条	2015-10-01	
19	101.2	GB/T 18146.3—2015	大麻纤维　第3部分：棉型大麻纤维	2015-10-01	
20	101.3	GB/T 2910.3—2009	纺织品　定量化学分析　第3部分：醋酯纤维与某些其他纤维的混合物（丙酮法）	2010-01-01	
21	101.3	GB/T 7111.4—2002	纺织机械噪声测试规范　第4部分：纱线加工、绳索加工机械	2002-12-01	
22	101.3	GB/T 8632—2001	纺织品　机织物　近沸点　商业洗烫后尺寸变化的测定	2001-09-01	
23	101.3	GB/T 13782—1992	纺织纤维长度分布参数试验方法　电容法	1993-06-01	
24	101.3	GB/T 18147.1—2008	大麻纤维试验方法　第1部分：含油率试验方法	2008-09-01	
25	101.3	GB/T 18147.2—2008	大麻纤维试验方法　第2部分：残胶率试验方法	2008-09-01	
26	101.3	GB/T 18147.3—2015	大麻纤维试验方法　第3部分：长度试验方法	2015-10-01	
27	10］.3	GB/T 18147.4—2015	大麻纤维试验方法　第4部分：细度试验方法	2015-10-01	
28	101.3	GB/T 18147.5—2015	大麻纤维试验方法　第5部分：断裂强度试验方法	2015-10-01	
29	101.3	GB/T 18147.6—2015	大麻纤维试验方法　第6部分：疵点试验方法	2015-10-01	
30	101.3	GB/T 19495.4—2018	转基因产品检测　实时荧光定性聚合酶链式反应（PCR）检测方法	2019-04-01	
31	101.3	GB/T 35257—2017	纺织品　定量化学分析　壳聚糖纤维与某些其他纤维的混合物（乙酸法）	2018-07-01	
32	101.3	GB/T 35268—2017	纺织品　定量化学分析　聚四氟乙烯纤维与某些其他纤维的混合物	2018-07-01	

（续表）

序号	标准体系编号	标准号	标准名称	实施日期	备注
33	101.3	GB/T 35378—2017	植物单根短纤维拉伸力学性能测试方法	2018-07-01	
34	101.3	GB/T 35443—2017	纺织品　定量化学分析　海藻纤维与某些其他纤维的混合物	2018-07-01	
35	101.3	GB/T 36976—2018	纺织品　定量化学分析　聚酰亚胺纤维与某些其他纤维的混合物	2019-07-01	
36	101.3	GB/T 37629—2019	纺织品　定量化学分析　聚丙烯腈纤维与某些其他纤维的混合物（甲酸/氯化锌法）	2020-01-01	
37	101.3	GB/T 37630—2019	纺织品　定量化学分析　醋酯纤维或三醋酯纤维与某些其他纤维的混合物（盐酸法）	2020-01-01	
38	101.3	GB/T 38015—2019	纺织品　定量化学分析　氨纶与某些其他纤维的混合物	2020-03-01	
39	101.3	FZ/T 01086—2020	纺织品　纱线毛羽测定方法　投影计数法	2020-10-01	
40	101.3	FZ/T 01131—2016	纺织品　定量化学分析　天然纤维素纤维与某些再生纤维素纤维的混合物（盐酸法）	2016-09-01	
41	101.3	FZ/T 01132—2016	纺织品　定量化学分析　维纶纤维与某些其他纤维的混合物	2016-09-01	
42	101.3	FZ/T 01134—2016	纺织品　定量化学分析　芳砜纶与某些其他纤维的混合物	2017-04-01	
43	101.3	FZ/T 01135—2016	纺织品　定量化学分析　聚丙烯纤维与某些其他纤维的混合物	2017-04-01	
44	101.3	FZ/T 01136—2016	纺织品　定量化学分析　碳纤维与某些其他纤维的混合物	2017-04-01	
45	101.3	FZ/T 30003—2009	麻棉混纺产品定量分析方法　显微投影法	2010-04-01	
46	101.3	FZ/T 93086.1—2012	集聚纺纱用网格圈试验方法　第1部分：内周长	2013-06-01	
47	101.3	FZ/T 93086.2—2012	集聚纺纱用网格圈试验方法　第2部分：空隙率	2013-06-01	
48	101.3	NY/T 2569—2014	植物新品种特异性、一致性和稳定性测试指南　大麻	2014-06-01	

（续表）

序号	标准体系编号	标准号	标准名称	实施日期	备注
49	101.3	NY/T 3105—2017	植物油料含油量测定　近红外光谱法	2018-01-01	
50	101.3	NY/T 3298—2018	植物油料中粗蛋白质的测定　近红外光谱法	2018-12-01	
51	101.3	NY/T 3299—2018	植物油料中油酸、亚油酸的测定　近红外光谱法	2018-12-01	
52	101.3	NY/T 3673—2020	植物油料中角鲨烯含量的测定	2021-01-01	
53	101.3	GA/T 1636—2019	法庭科学　毛发、血液中四氢大麻酚和四氢大麻酸检验　气相色谱-质谱法	2019-12-01	
54	101.3	GA/T 1642—2019	法庭科学　疑似毒品中大麻检验液相色谱和液相色谱-质谱法	2019-12-01	
55	101.3	T/CAIA SH016—2021	工业大麻　大麻二酚、大麻二酚酸含量测定　高效液相色谱法	2022-02-01	
56	101.3	T/CAIA SH017—2021	工业大麻　大麻酚、四氢大麻酚、四氢大麻酚酸含量测定　高效液相色谱法	2022-02-01	
57	101.4	GB/T 3533.1—2017	标准化效益评价　第1部分：经济效益评价通则	2017-12-01	
58	101.4	GB/T 3533.2—2017	标准化效益评价　第2部分：社会效益评价通则	2017-12-01	
59	101.4	GB/T 3533.3—1984	评价和计算标准化经济效果　数据资料的收集和处理方法	1985-10-01	
60	101.4	GB/T 12366—2009	综合标准化工作指南	2009-11-01	
61	101.4	GB/T 20000.6—2006	标准化工作指南　第6部分：标准化良好行为规范	2006-12-01	
62	101.4	GB/T 20000.7—2006	标准化工作指南　第7部分：管理体系标准的论证和制定	2006-12-01	
63	101.4	GB/T 20004.1—2016	团体标准化　第1部分：良好行为指南	2016-04-25	
64	101.4		工业大麻（汉麻）实验室安全管理规范		待立项
65	101.4		工业大麻（汉麻）检验检测实验室废弃物处置规范		待立项
66	101.4		工业大麻（汉麻）检测机构内审员能力要求		待立项

（续表）

序号	标准体系编号	标准号	标准名称	实施日期	备注
67	101.4		工业大麻（汉麻）实验室内审员能力要求		待立项
68	101.5	GB/T 38155—2019	重要产品追溯　追溯术语	2019-10-18	
69	101.5		工业大麻（汉麻）安全生产管理指南		待立项
70	101.5		工业大麻（汉麻）生产追溯实施指南		待立项
71	101.5		工业大麻（汉麻）提取加工生产设施管理指南		待立项
	201.1				
72	201.1.1	NY/T 3252.1—2018	工业大麻种子　第1部分：品种	2018-12-01	
73	201.1.1	NY/T 3252.2—2018	工业大麻种子　第2部分：种子质量	2018-12-01	
74	201.1.1	NY/T 3252.3—2018	工业大麻种子　第3部分：常规种繁育技术规程	2018-12-01	
75	201.1.2	DB23/T 2864—2021	工业大麻芽期耐盐碱性鉴定技术规程	2021-06-13	
76	201.1.2	DB2306/T 116—2019	工业大麻温室扦插育苗技术规程	2020-01-19	
	201.2				
77	201.2.1	GB/T 17780.1—2012	纺织机械　安全要求　第1部分：通用要求	2013-06-01	
78	201.2.1	FZ/T 92013—2017	SL系列上罗拉轴承	2017-10-01	
79	201.2.1	FZ/T 92033—2017	粗纱悬锭锭翼	2017-10-01	
80	201.2.1	FZ/T 92054—2010	倍捻锭子	2011-04-01	
81	201.2.1	FZ/T 93008—2018	塑料经纱筒管	2019-04-01	
82	201.2.1	FZ/T 93015—2021	转杯纺纱机	2021-07-01	
83	201.2.1	FZ/T 93033—2014	梳棉机	2014-10-01	
84	201.2.1	FZ/T 93036—2017	电动落纱机	2017-10-01	
85	201.2.1	FZ/T 93038—2018	梳理机用金属针布齿条	2019-04-01	
86	201.2.1	FZ/T 94047—2012	分条整经机	2013-06-01	
87	201.2.1	FZ/T 95005—2019	不锈钢导辊式平洗槽	2020-07-01	
88	201.2.1	FZ/T 95013—2021	平网印花机	2021-07-01	

（续表）

序号	标准体系编号	标准号	标准名称	实施日期	备注
89	201. 2. 1	FZ/T 95016—2011	松式烘燥机	2012-07-01	
90	201. 2. 1	FZ/T 95020—2013	导带式数码喷墨印花机	2013-12-01	
91	201. 2. 1	FZ/T 95033—2021	丝光机	2021-07-01	
92	201. 2. 1	FZ/T 96021—2010	倍捻机	2011-04-01	
93	201. 2. 1	FZ/T 99006—2016	FX 系列纺织用高效率三相异步电动机技术条件（机座号 90-225）	2017-04-01	
94	201. 2. 1	FZ/T 99008—2016	FXD 系列纺织用高效率多速三相异步电动机技术条件（机座号 160-200）	2017-04-01	
	201. 3				
95	201. 3. 1	GB/T 22851—2009	色织提花布	2009-12-01	
96	201. 3. 1	FZ/T 32011—2009	大麻纱	2010-04-01	
97	201. 3. 1	FZ/T 32013—2011	大麻棉混纺本色纱	2012-07-01	
98	201. 3. 1	FZ/T 32014—2012	转杯纺大麻本色纱	2013-06-01	
99	201. 3. 1	FZ/T 32015—2012	大麻涤纶混纺本色纱	2013-06-01	
100	201. 3. 1	FZ/T 32018—2014	精梳大麻棉混纺本色纱	2014-11-01	
101	201. 3. 1	FZ/T 32019—2015	精梳大麻与再生纤维素纤维混纺本色纱	2016-01-01	
102	201. 3. 1	FZ/T 32020—2015	精梳大麻与再生纤维素纤维混纺色纺纱	2016-01-01	
103	201. 3. 1	FZ/T 32022—2018	精梳大麻棉混纺色纺纱	2018-09-01	
104	201. 3. 1	FZ/T 33012—2009	大麻本色布	2010-04-01	
105	201. 3. 1	FZ/T 33013—2011	大麻棉混纺本色布	2012-07-01	
106	201. 3. 1	FZ/T 33014—2012	亚麻（或大麻）涤纶混纺本色布	2013-06-01	
107	201. 3. 1	FZ/T 34009—2012	亚麻（或大麻）棉混纺印染布	2013-06-01	
108	201. 3. 1	FZ/T 34011—2016	大麻印染布	2017-04-01	
109	201. 3. 1	FZ/T 43034—2016	丝麻交织物	2016-09-01	
110	201. 3. 1	FZ/T 73010—2016	针织工艺衫	2017-04-01	
111	201. 3. 2	FZ/T 51009—2014	粘胶纤维用麻浆粕	2014-11-01	
112	201. 3. 2	FZ/T 52029—2013	麻浆粘胶短纤维	2014-03-01	
113	201. 3. 3	GB/T 37509—2019	食用油运载容器技术条件	2019-12-01	

（续表）

序号	标准体系编号	标准号	标准名称	实施日期	备注
114	201. 3. 3	T/KCIHIA 002—2021	工业大麻仁（火麻仁）	2021-06-01	
115	201. 3. 3	T/KCIHIA 003—2021	工业大麻仁油（火麻仁油）	2021-06-01	
116	201. 3. 3	T/KCIHIA 001—2021	工业大麻仁（火麻仁）蛋白粉	2021-06-01	
117	201. 3. 4		大麻纤维加工废弃物利用指南		已制定待发布

附录四 工业大麻温室扦插育苗技术规程
（DB2306/T 116—2019）

1 范围

本标准规定了工业大麻温室扦插育苗技术。

本标准适用于大庆地区工业大麻温室扦插育苗技术。

2 术语与定语

下列术语与定义适用于本文件。

2.1 工业大麻

四氢大麻酚（THC）含量低于 0.3%的大麻称为工业大麻。

2.2 扦插

取植株营养器官（10~15cm 的茎段）的一部分插入疏松润湿的土壤或细沙中，利用其再生能力，使之生根抽枝成为新植物。

2.3 基质土

是为了满足幼苗生长发育而专门配制的含有多种矿质营养，疏松通气，保水保肥能力强，无病虫害的床土。

3 扦插前准备

3.1 基质土准备

无农药残留的菜园土、细沙、泥炭、珍珠岩为 5 ∶ 2 ∶ 2 ∶ 1 的体积比混匀。

3.2 苗床制作

苗床宽度1m，长度小于等于10m为宜，苗床上铺10cm厚基质。扦插前需对土壤进行消毒处理，用浓度为0.5%的高锰酸钾溶液喷洒土壤并混匀，需提前一天将苗床浇湿。

3.3 插穗来源

植株生长到45~60d后，可进行插穗采集。

3.4 插穗处理

用消毒后的剪刀取插穗，长度10~15cm，每个插穗保留两个腋芽或一个生长点，同时保留靠上位置的2片完整功能叶，去掉多余的叶片和叶柄；在0.02%的高锰酸钾溶液中浸泡切口20~30min；插穗修剪过程中避免对插穗顶芽和茎部的损伤。

4 插穗作业

4.1 插穗时间

扦插作业应在傍晚或早晨进行，避免高温水分流失气温勿高于25℃。

4.2 生长调节剂处理

用浓度为0.2%的萘乙酸（NAA）水溶液蘸插穗基部10s，蘸药深度为2~3cm。

4.3 扦插深度

用钉板在床面上连续打3cm深的孔，插穗插入孔后用手轻按压实。

4.4 扦插密度

株行距保持在8~10cm，扦插要1次到位，全部完成后喷透水1次。

5　扦插后管理

准备竹片或定制拱架，扦插后随即支架，支架高度 50cm，覆盖透明塑料薄膜，四周压实密封保湿，使用遮阳网覆盖遮阳。

5. 1　温湿度管理

地温保持在 18~28℃，空气湿度控制在 80%~90%。

5. 2　光照管理

在扦插后 10d 内透光率保持在 20%，在扦插 15d 后透光率增加为 50%~70%。晴天时揭去遮阳物见光 1~2h；随着插穗的生长，见光的时间可延长至 2~3h。

6　生根后管理

6. 1　炼苗

当插穗生长到 30~35d，不定根形成后可以开始通风炼苗。

6. 2　通风

温度高于 30~32℃及时打开小拱棚下端通风。通风 7d 后可减少遮阳，并逐渐放大通风口，直至开放式管理。

6. 3　控温壮根

土壤温度控制在 15~22℃范围内，迫使其地下根部生长。

6. 4　追肥

当插穗生长到 35d 后，向苗床撒施磷酸二铵 1 次，用量 10~15g/m^2为宜，并及时喷水促进发挥肥效。同时喷施磷酸二氢钾（0. 1%~0. 3%）两次，每次间隔 7d。

6.5 病害防治

为避免病害发生，可加喷 50%多菌灵或 75%百菌清防治。病害发生时，可喷 45%啶虫脒。

附录五　工业大麻芽期耐盐碱性鉴定技术规程
（DB23/T 2864—2021）

1　范围

本文件规定了工业大麻芽期耐盐碱鉴定术语和定义、鉴定前准备中的种子选择、仪器设备、鉴定过程中的种子消毒、胁迫处理、发芽及性状测定、耐盐碱性鉴定标准。

本文件适用于工业大麻品种芽期的耐盐碱性鉴定。

2　规范性引用文件

下列文件对于本文件的应用是必不可少的。凡是注日期的引用文件，仅注日期的版本适用于本文件。凡是不注日期的引用文件，其最新版本（包括所有的修改单）适用于本文件。

GB/T 3543.4　农作物种子检验规程　发芽试验

NY/T 3252.2　工业大麻种子　第2部分：种子质量

3　术语和定义

工业大麻耐盐碱指数

工业大麻相对发芽率的隶属函数值、相对根长的隶属函数值及相对叶鲜重的隶属函数值，三者之和的平均值。

4　鉴定前准备

4.1　种子选择

种子质量应符合NY/T 3252.2的规定。

4.2 仪器设备

4.2.1 pH 计

测量范围：-2.00~16.00pH，精度：±0.01pH，分辨率：0.01~0.1pH。

4.2.2 电子天平

采用精度为 0.000 1g 的电子分析天平。

4.2.3 培养箱

温度范围 10~40℃，湿度范围 50%~90%，光照强度 0~60μmol/（m^2·s）。

4.3 盐碱胁迫溶液配制

采用分析纯 Na_2CO_3、$NaHCO_3$、NaCl 和 $MgSO_4$·$7H_2O$ 配制复合溶液（摩尔比 Na_2CO_3：$NaHCO_3$：NaCl：$MgSO_4$·$7H_2O$=8：25：14：7）120mmol/L。

5 鉴定

5.1 种子准备

100 粒种子为一次重复，每处理设 3 次重复。

5.2 种子消毒

选取饱满一致的工业大麻种子，30%的过氧化氢进行表面消毒 10min，无菌水清洗 3 次。

5.3 胁迫处理

将种子表面水分吸干，放置于铺有 3 层滤纸的塑料发芽盒内（13cm×13cm×5cm），滤纸与培养皿之间无缝隙和气泡，将发芽盒置于人工气候箱中，萌发条件按照 GB/T 3543.4 的规定执行。

5.4 发芽及性状测定

5.4.1 发芽结果计算

发芽率按照公式（1）计算。

$$G=\frac{G_7}{F}\times 100\% \quad \cdots\cdots (1)$$

式中：

G——发芽率，%；

G_7——第 7 天发芽种子数，粒；

F——供试种子数量，粒。

发芽指数按照公式（2）计算。

$$GI=\sum\frac{Gt}{Dt} \quad \cdots\cdots (2)$$

式中：

GI——发芽指数；

Gt——第 t 天的发芽种子个数，粒；

Dt——相应的发芽天数，从培养第 3 天开始统计至第 7 天，天。

相对发芽率按照公式（3）计算。

$$RG=\frac{Gt}{Gck} \quad \cdots\cdots (3)$$

式中：

RG——相对发芽率；

Gt——盐碱胁迫下的发芽率，%；

Gck——对照的发芽率，%。

相对发芽指数按照公式（4）计算。

$$RGI=\frac{RGIt}{RGIck} \quad \cdots\cdots (4)$$

式中：

RGI——相对发芽指数；

$RGIt$——盐碱胁迫下的发芽指数；

$RGIck$——对照的发芽指数。

5.4.2　性状结果计算

相对根长按照公式（5）计算。

$$RRL=\frac{RLt}{RLck} \quad \cdots\cdots (5)$$

式中：

RRL——相对根长；

RLt——盐碱胁迫下胚根长，cm；

RLck——对照胚根长，cm。

相对子叶鲜重按照公式（6）计算。

$$RLFW = \frac{RFWt}{RFWck} \quad (6)$$

式中：

RLFW——相对子叶鲜重；

RFWt——盐碱胁迫下子叶鲜重，g；

RFWck——对照子叶鲜重，g。

6 工业大麻耐盐碱性鉴定

6.1 耐盐碱指数计算公式

采用平均隶属函数法对工业大麻品种的耐盐碱性进行鉴定。

隶属函数按照公式（7）计算。

$$Xu = \frac{Xi - X\mathrm{min}}{X\mathrm{max} - X\mathrm{min}} \quad (7)$$

式中：

Xu——某一品种某一指标的隶属函数值；

Xi——各指标测定值；

*X*max——该指标的最大值；

*X*min——该指标的最小值。

耐盐碱指数按照公式（8）计算。

$$STI = \frac{XRGI + XRRL + XRLFW}{3} \quad (8)$$

式中：

STI——耐盐碱指数；

XRGI——相对发芽指数的隶属函数值；

XRRL——相对根长的隶属函数值；

XRLFW——相对子叶鲜重的隶属函数值。

6.2　工业大麻耐盐碱鉴定标准及鉴定结果

根据计算结果和表 1 中的鉴定标准，鉴定工业大麻耐盐碱性。

表 1　工业大麻耐盐碱性鉴定标准

级别	耐盐碱指数（*STI*）	耐性等级
1	≥0. 60	高耐
2	0. 55≤*STI*<0. 60	耐
3	0. 35≤*STI*<0. 55	中
4	0. 20≤*STI*<0. 35	敏感
5	<0. 20	高敏

附录六　工业大麻种质资源评价规范
（DB23/T 3249—2022）

1　范围

本文件规定了纤维型及籽用型工业大麻种质资源评价的术语和定义、环境条件与种质质量、种质资源来源及编码、评价试验方案、评价指标及方法、种质资源保存、信息管理和种质资源档案。

本文件适用于纤维型及籽用型工业大麻种质资源评价。

2　规范性引用文件

下列文件中的内容通过文中的规范性引用而构成本文必不可少的条款。其中，注日期的引用文件，仅注日期对应的版本适用于本文件。不注日期的引用文件，其最新版本（包括所有的修改单）适用于本文件。

GB 15618　土壤环境质量标准

GB 3095　环境空气质量标准

GB 5084　农田灌溉水质标准

GB/T 16984　大麻原麻

GB/T 12411　黄、红麻纤维试验方法

NY/T 3　谷类、豆类作物种子粗蛋白质测定法（半微量凯氏法）

NY/T 4　谷类、油料作物种子粗脂肪测定方法

NY/T 3252.1　工业大麻种子　第1部分：品种

NY/T 3252.2　工业大麻种子　第2部分：种子质量

NY/T 3252.3　工业大麻种子　第3部分：常规种繁殖技术规程

NY/T 2569　植物新品种特异性、一致性和稳定性测试指南　大麻

DB23/T 2864　工业大麻芽期耐盐碱性鉴定技术规程

DB23/T 1721　纤维工业用大麻良种繁育技术操作规程

3 术语和定义

下列术语和定义适用于本文件。

3.1 工业大麻种质资源

指植株顶端花叶部位干物质四氢大麻酚（THC）含量低于0.3%的大资源类型。

3.2 工业大麻种质资源圃

由若干工业大麻种质资源评价单元及其边行构成的种质资源评价集合。

4 环境条件与种质质量

4.1 环境条件

土壤环境质量应符合 GB 15618 的规定，试验地环境空气质量应符合 GB 3095 的规定，灌溉水质量应符合 GB 5084 的规定。

4.2 种质资源种子质量

种质资源种子质量应符合 NY/T 3252.2 的规定。

5 种质资源来源及编码

5.1 来源

选育品种、地方品种和野生资源。

5.2 编码

5.2.1 入圃编码

根据评价和保存目的，由保存单位对入圃的种质资源赋予的资源编码，如“HG”加4位顺序号组成的字符串构成，如“HF0001”中的“H”代表工业大麻，“F”代表纤维型，“HZ0001”中的“Z”代表籽用型，“0001-9999”代表引入的种质资源顺序号。

5.2.2 圃内编码

根据入圃种植的种质顺序设立的种质编码，由年份加顺序编码构成，如“2000-2”“2000”代表评价年份，“2”代表谱内资源的种植顺序。

6 评价试验方案

6.1 试验设计

6.1.1 试验地点选择

种质资源一般在一个鉴定地点进行。每份种质3次重复，连续评价3年。选茬、选地、整地及施肥应符合DB23/T 1721的规定。

6.1.2 播种方法

采用人工点播方式种植。圃内单个种质资源植株数量不少于30株，根据所需评价种质资源数量设置资源圃面积，纤维资源圃行距15cm，株距2~5cm；籽用资源圃行距30~70cm，株距15~50m。圃内设置对照和两侧边行，两侧边行数量相等，且均≥3行。评价圃周围设置保护行。

6.2 数据采集

经田间和室内考种等对性状进行观察记录。形态学和生物学特性特征观测指标数据采集应在正常生长期获得。工艺长和全麻率等指标通过室内考种获得。如遇到自然灾害影响了评价结果准确性，须重新进行试验和数据采集。

6.3 试验数据的统计分析

种质资源的生物学特性、产量品质特性及形态特征等均与对照品种进行数据比较分析。根据每年3次重复和连续3年的重复观测校验值，计算各资源各性状的平均值、标准差、变异系数和差异显著性，取校验值的平均值作为种质的性状值，获得种质资源稳定的代表性性状指标及其性状值。

7 评价指标及方法

7.1 生物学特征指标

7.1.1 播种期

种子播种日期，表示为：××××年××月××日。播种后及时记录播种日期。

7.1.2 出苗期

种子播种后，50%出苗且子叶展开的日期，记为出苗期。记录方法同7.1.1。

7.1.3 苗期

出苗期开始至3~5对真叶阶段为苗期。记录方法同7.1.1。

7.1.4 快速生长期

3~5对真叶以上至现蕾期，记录方法同7.1.1。

7.1.5 见蕾期

50%雄株现蕾的日期，记录方法同7.1.1。

7.1.6 开花期

50%雄花开花的日期，记录方法同7.1.1。

7.1.7 工艺成熟期

植株大量花粉散落，雌株开始结实，植株茎上部叶片黄绿色、下部1/3叶片凋落的日期，记录方法同7.1.1。

7.1.8 种子成熟期

植株种子75%开始变硬日期，记录方法同7.1.1。

7.1.9 出苗日数

播种期至出苗期的日数，单位为d。

7.1.10 见蕾日数

出苗期至现蕾期的日数，单位为d。

7.1.11 开花日数

出苗期至开花期的日数，单位为d。

7.1.12 工艺成熟期日数

出苗期至工艺成熟期的日数，单位为 d。

7.1.13 全生育期

出苗期至种子成熟期的日数，单位为 d。

7.1.14 熟性

以种质资源在原产地或接近地区的全生育期日数确定。分为早熟、中熟、晚熟。

7.1.15 四氢大麻酚（THC）含量

选取植株雌花盛花期进行采样，取植株顶端 15cm 范围内花叶混合样品，测定方法应符合 NY/T 3252.1 的规定。

7.2 形态特征指标

7.2.1 子叶形状

测定方法应符合 NY/T 2569 的规定。

7.2.2 心叶色

测定方法应符合 NY/T 2569 的规定。

7.2.3 叶色

测定方法应符合 NY/T 2569 的规定。

7.2.4 叶柄色

测定方法应符合 NY/T 2569 的规定。

7.2.5 叶片长度

测定方法应符合 NY/T 2569 的规定。

7.2.6 叶片宽度

测定方法应符合 NY/T 2569 的规定。

7.2.7 叶对数

测定方法应符合 NY/T 2569 的规定。

7.2.8 性型

测定方法应符合 NY/T 2569 的规定。

7.2.9 雌雄比

测定方法应符合 NY/T 2569 的规定。

7.2.10 雄花色

测定方法应符合 NY/T 2569 的规定。

7.2.11 雌花色

测定方法应符合 NY/T 2569 的规定。

7.2.12 雌花柱头色

测定方法应符合 NY/T 2569 的规定。

7.2.13 花粉色

测定方法应符合 NY/T 2569 的规定。

7.2.14 种子形状

测定方法应符合 NY/T 2569 的规定。

7.2.15 种皮色

测定方法应符合 NY/T 2569 的规定。

7.2.16 种皮花纹

测定方法应符合 NY/T 2569 的规定。

7.2.17 落粒性

测定方法应符合 NY/T 2569 的规定。

7.2.18 千粒重

测定方法应符合 NY/T 2569 的规定。

7.2.19 分枝性

测定方法应符合 NY/T 2569 的规定。

7.2.20 分枝数

测定方法应符合 NY/T 2569 的规定。

7.2.21 茎粗

测定方法应符合 NY/T 2569 的规定。

7.2.22 茎表面形态

测定方法应符合 NY/T 2569 的规定。

7.2.23 茎横切面

测定方法应符合 NY/T 2569 的规定。

7.2.24 株高

测定方法应符合 NY/T 2569 的规定。

7.2.25 株型

测定方法应符合 NY/T 2569 的规定。

7.3 产量特征指标

7.3.1 鲜皮厚

工艺成熟期，单株主茎基部以上 1/3 处的鲜麻皮厚度，单位为 mm，精确至 0.01mm。

7.3.2 单株茎鲜重

工艺成熟期，称取单株主茎基部以上的茎鲜重量，为单株茎鲜重，单位以 g 表示，精确至 0.1g。

7.3.3 单株茎干重

以 7.3.2 中鲜茎材料在干燥通风条件下充分晾干后称重，为单株茎干重 D，单位以 g 表示，精确至 0.1g。

7.3.4 单株纤维干重

取 7.3.3 中干茎样品，利用沤麻箱进行沤制，沤制温度 36℃，时间 60~70h，晾干后剥取麻皮称重，为单株纤维干重 B，单位以 g 表示，精确至 0.1g。

7.3.5 全麻率

全麻率，单株纤维干重与单株茎干重比值，单位以%表示。

全麻率按照公式（1）计算。

$$R = \frac{B \times 100\%}{D} \qquad (1)$$

式中：

R——全麻率，%；

B——单株纤维干重，g；

D——单株茎干重，g。

7.3.6 单株种子重量

在种子成熟期进行人工单株收获、清选及晾干，获得单株种子重量，单位以 g 表示，精确到 0.1g。

7.4 品质特征指标

7.4.1 麻束断裂比强度

测定方法应符合 GB/T 16984 的规定。

7.4.2 纤维强力

测定方法应符合 GB/T 12411 的规定。

7.4.3 种子粗蛋白含量

测定方法应符合 NY/T 3 的规定。

7.4.4 种子粗脂肪含量

测定方法应符合 NY/T 4 的规定。

7.5 抗虫性

当苗期植株发生跳甲的发生盛期，随机取样 10 株，以单株 5 片展开叶为观测对象，根据单株的虫口密度算平均值。对大麻跳甲分为三级。

抗——≤70

中——70~120

感——≥120

7.6 抗旱性

采用田间自然干旱条件下以影响植株正常生育时调查，随机取样 10 株进行调查，分三级。

强——干旱发生后，植株叶片颜色正常，或有轻度萎蔫卷缩，但晚上或次日早能较快地恢复正常状。

弱——干旱发生后，植株叶片变黄，生长点萎蔫下垂，叶片明显卷缩，晚上或次日恢复正常状态较慢。

中——介于两者之间。

7.7 抗倒伏性

采用田间自然条件下在中到大雨或大风过后调查，以单份种质资源在圃内所有植株为调查对象，分四级。

0 级——植株直立不倒。

1 级——植株倾斜角度<15°。

2 级——植株倾斜角度 15°~45°。

3 级——植株倾斜角度>45°。

倒伏恢复程度：大风或大雨过后 2~3 日内调查恢复情况，以单份种质资源在圃内所有植株为调查对象，分四级。

0 级——有 90%以上倒伏植株恢复直立。

1 级——有 90%以上倒伏植株恢复到 15°。

2 级——有 90%以上倒伏植株恢复到 15°~45°。

3 级——有 90%以上倒伏植株恢复到>45°。

7.8 抗病性

7.8.1 根腐病

采用田间自然发病条件下进行调查，以单份种质资源在圃内所有植株为调查对象，危害程度分四级。

无——死苗株数占调查株数<5%。

轻——死苗株数占调查株数 5%~10%。

中——死苗株数占调查株数 11%~30%。

重——死苗株数占调查株数>30%。

7.8.2 秆腐病

采用田间自然发病条件下进行调查，以单份种质资源在圃内所有植株为调查对象，危害程度分四级。

无——死苗株数占调查株数<5%。

轻——死苗株数占调查株数 5%~10%。

中——死苗株数占调查株数 11%~30%。

重——死苗株数占调查株数>30%。

7.8.3 褐斑病

采用田间自然发病条件下进行调查，以单份种质资源在圃内所有植株为调查对象，危害程度分四级。

无——死苗株数占调查株数<5%。

轻——死苗株数占调查株数 5%~10%。

中——死苗株数占调查株数 11%~30%。

重——死苗株数占调查株数>30%。

7.9 耐盐碱性

测定方法应符合 DB23/T 2864 的规定。

8 种质资源保存

8.1 繁殖保管

每份种质资源定期（≤3 年）进行定量繁殖保存，种植后挂牌，标注名称及编号。种质资源在繁殖或评价过程中如出现退化、杂株等情况，应及时提纯复壮，剔除杂株和劣株。为防止出现种质间混杂，单份种质资源提纯复壮空间隔离距离应>5km。

8.2 入库保管

采用人工收获，成熟后植株及时采收、晾干和脱粒，为严防种子混杂，单份资源人工单独脱粒、整理和考种，及时入库保存。保存方法应符合 NY 3252.3 的规定。

9 信息管理

9.1 种质资源基本信息

种质资源基本信息包括名称、来源、产地、亲本组合、供种者、种质资源数量情况。

9.2 种质资源管理信息

包括种质资源的评价、保存、繁殖和提纯复壮及利用等过程中的信息管理。

10 种质资源档案

种质资源信息要及时建立电子档案，随着种质资源性状评价等数据的不断丰富，及时录入新的准确信息，为种质资源利用提供参考。

附录七　纤维用工业大麻田间试验技术规程（DB5329/T 87—2022）

1　范围

本文件规定了纤维用工业大麻（*Cannabis sativa* L. fiber type）田间试验设计、试验地选择、栽培管理、调查记载、收获计产、数据分析及试验报告的方法与要求。

本文件适用于大理州纤维用工业大麻的田间试验。

2　规范性引用文件

下列文件中的内容通过文中的规范性引用而构成本文件必不可少的条款。其中，注日期的引用文件，仅该日期对应的版本适用于本文件；不注日期的引用文件，其最新版本（包括所有的修改单）适用于本文件。

GB/T 8321　农药合理使用准则（所有部分）

NY/T 497　肥料效应鉴定田间试验技术规程

NY/T 1276　农药安全使用规范　总则

NY/T 3252.1　工业大麻种子　第1部分：品种

3　术语和定义

下列术语和定义适用于本文件。

3.1　工业大麻

大麻植株群体花期顶部叶片及花穗干物质的四氢大麻酚（THC）含量<0.3%，不能直接作为毒品利用的大麻作物品种类型。

3.2 纤维用工业大麻

以生产纤维为主要收获目的的工业大麻。

3.3 鲜茎

工艺成熟期收割的大麻植株，经去除花叶后的新鲜茎秆。

3.4 原茎

工艺成熟期收割的大麻植株，经去除花叶、晾晒干的茎秆。

3.5 干茎

经沤制、浸渍脱胶、干燥工序后的大麻茎秆。

3.6 干皮

从鲜茎上剥下后，完全晒干的麻皮。

3.7 秆心

鲜茎经皮秆分离取走麻皮后剩下的部分或原茎经人工剥皮后剩下的麻骨（木质部）。

3.8 花叶

工艺成熟期收割麻茎时剔下的长度小于15cm的嫩枝叶和花序。

3.9 原茎干皮率

单位重量的工业大麻原茎获得的干麻皮与原茎重量之比值，以%表示。

3.10 大麻纤维

用鲜麻皮或干麻皮沤洗后，完全晒干的产出物，也称精麻、线麻。

3.11 干茎出麻率

工艺成熟期，单位重量的工业大麻干茎获得的纤维与干茎重量之比值，以%表示。

3.12 干皮精洗率

工艺成熟期，单位重量的工业大麻干皮获得的纤维与干皮重量之比值，以%表示。

3.13 工业大麻田间试验

在田间条件下以工业大麻为研究对象而进行的各种试验。

3.14 试验小区

在田间试验中，安排一个处理的小块地段，一般用 m^2 表示。

3.15 试验区组

在田间试验中，所有处理的小区均出现 1 次的 1 个区域。

3.16 重复

在田间试验中，同一处理种植的小区数。重复次数与试验的区组数相同。

4 试验设计

4.1 试验方案

根据试验任务目标与要求（品种、密度、播期、肥效、防效研究等）、试验类型（单因素、多因素试验、综合性试验等）、试验方法（对比法、间比法、随机区组、拉丁方、裂区、正交、回归设计等）进行试验方案制订。

4.1.1 试验处理

根据试验目的、试验类型和所采用的试验方法等设置试验处理。

4.1.2 试验重复

小区试验重复次数不少于 3 次。

4.2 试验方法

两个处理的田间试验采取配对设计，多于两个处理的田间试验采用随机区组、拉丁方、裂区、正交、回归等相应试验设计方法。

4.2.1 小区面积

小区面积 20~40m^2。

4.2.2 小区形状

小区形状为长方形，小区宽度不小于3m，小区长宽比一般为（2~3）：1。

4.2.3 区组排列

不同区组的排列方向应与试验地实际或可能存在的土壤肥力梯度方向平行。

4.2.4 小区排列

同一区组内，小区的排列方向应与试验地实际或可能存在的土壤肥力梯度方向垂直，小区长的一边与肥力梯度方向平行。

4.2.5 对照区设置

对照区设置的方式可为顺序式或非顺序式。顺序式设置是每隔一定数目的处理设置一对照区，分布于整个试验田，对比法和间比法试验可每隔 2 个、4 个、9 个处理设置一对照区；非顺序式设置则对照区与其他处理小区一样，在试验中随机设置。

4.2.6 保护区设置

试验区四周必须设置不少于 2m 宽的保护区，保护区的种植管理按当地纤维用工业大麻生产的常规要求执行。

4.2.7 操作道设置

区组间、区组与保护区之间应留 50~100cm 操作道，试验小区之间、试验小区与操作道之间应留 30~40cm 宽、20~30cm 深的灌（排）水沟。

5 试验地选择

试验地应选择面积大小达到试验设计要求，地势平坦、土地方整、肥力中等、地力均匀，排灌方便，具有代表性的地块。坡地应选择坡度平缓，肥力差异较小的地块。试验地应避开村庄、高大建筑物、道路、堆肥场所等干扰的地段。

6　栽培管理

6.1　整地

除免耕种植试验外，试验地在区划之前应适时耕整，深耕 20~25cm，耙平、耙匀、耙细。

6.2　播种期

以播种期为比较因素的试验，按试验具体方案要求执行；其他比较因素的试验，一般播种期在 4 月上旬至 6 月中旬为宜。可在预期降透雨前采取“三干”（即干土壤、干肥料、干种子）播种，或在降透雨后土壤水分适宜耕作时抢墒播种。

6.3　种植密度

以种植密度为比较因素的试验，按试验具体方案要求执行；其他比较因素的试验，一般种植密度在 30~40 株/m^2，同一组试验种植密度保持一致。

6.4　播种方式

条播，行距 20~40cm，播种深度以 2~3cm 为宜。

6.5　田间管理

6.5.1　操作要求

在进行田间操作时，同一试验点、同一区组、同一项技术措施在同一天完成。

6.5.2　查苗补缺

出苗期检查，若出现缺苗，应及时查苗补缺。

6.5.3　间苗定苗

在苗高 20cm 左右间苗，苗高 30cm 左右时按规定密度定苗，间苗原则为“去强苗、弱苗，留中间标准苗”。

6.5.4 施肥

以肥料为比较因素的试验，按试验具体方案要求执行；其他比较因素的试验，按当地施肥水平和施肥方法施肥，同一组试验所有小区施肥必须保持同一性。基肥可选用农家肥、商品有机肥和复合肥等，在工业大麻播种前结合整地施入与土壤混匀；追肥可采取根际施和叶面喷施，追肥一般在苗期（苗高 30~40cm）和旺长期（苗高 100cm 左右），降雨前或降雨后土壤潮湿时施用，施肥时注意防止肥料粘在叶面上。

6.5.5 灌水

播种后若遇干旱，有灌溉条件的可采用沟灌或滴灌浸润土壤，若采用喷灌，则必须注意防止喷灌死角和土面板结。工业大麻生长期，根据天气和土壤水分状况，适时、适量浇水。

6.5.6 排涝

遇雨水过量，应及时排涝，防止工业大麻受渍害。

6.5.7 病虫草害防治

化学除草试验按试验具体方案要求执行；其他比较因素的试验，可在播种后两天内、工业大麻出苗前，使用安全环保的除草剂进行土表喷雾除草。病虫害抗性鉴定试验、病虫害药剂防治试验按试验具体方案要求执行；其他比较因素的试验可在工业大麻生长期间，根据田间虫情、病情选择高效、低毒的药剂适时防治病虫害。农药使用按照 GB/T 8321（所有部分）、NY/T 1276 规定执行。

7 调查记载

7.1 气候条件观察记载

常规气候条件可引用附近气象台（站）的资料。如遇风、雨、冰雹等灾害性气候以及由此而引起的工业大麻生长发育的变化，试验执行人员应及时调查记载。

7.2 田间农事操作记载

详细记载耕地、整地、播种、施肥、间苗、定苗、中耕除草、病虫害防治等田间每一项农事操作的日期、数量、方法等内容。

7.3　生育期调查记载

参照附录 A 执行。

7.4　生育特性调查记载

参照附录 B 执行。

7.5　主要农艺性状调查记载

参照附录 C 执行。

7.6　主要形态特征调查记载

参照附录 D 执行。

7.7　抗病虫性调查记载

参照附录 E 执行。

7.8　抗（耐）逆性调查记载

参照附录 F 执行。

8　收获计产

试验各处理工业大麻达工艺成熟期，应适时分小区收获计产或取代表性样方测产，小区产量以 kg 为单位，精确到小数点后两位，先收保护行植株，再收试验小区植株。参照附录 G 执行。

9　数据分析

田间试验调查完成后，及时进行试验资料汇总分析。根据试验类型和不同的试验方法，采用相应的数据汇总统计分析路径进行分析，并列出数据表或图。可使用专业数据处理软件进行统计分析。

10 试验报告

概述试验来源和目的、试验时间和地点、试验材料与方法、栽培管理过程、气候特点等；根据数据分析结果，对各处理在本试验点的生育期、抗逆性、产量、主要经济性状等做出客观公正的评价。在规定时间内将试验报告及填写完整的试验记载档案材料上交试验主持单位。参照附录 H 撰写试验报告。

附录 A
（规范性）
生育期调查记载

A.1 播种期

试验小区实际播种的日期。用“日/月”表示。

A.2 出苗期

幼苗露出土面、2 片子叶完全展平为出苗。从小区出现第一株幼苗开始，每天 9：00—10：00 观测，记录出苗株数，在试验小区中部选取 2~3 行的麻株为调查对象，50%（以最后成苗数为标准）幼苗出苗的日期为出苗期。用“日/月”表示。

A.3 第 N 对真叶期

在试验小区中部选取 2~3 行的麻株为调查对象，每次在 9：00—10：00 观测，50%以上植株第 N 对真叶叶片平展，叶片中脉显示清楚的日期为第 N 对真叶期。用“日/月”表示。

A.4 快速生长期

工业大麻植株的株高开始进入快速生长的日期为快速生长期。此期的特点是麻茎生长迅速，每昼夜生长 5cm 左右，表明已进入快速生长期，快速生长期一般至开花期结束。当试验区工业大麻株高达到50cm左右或麻苗达到7~9对真叶时，从试验小区随机选定20株（雌株、雄株各10株）为调查对象，每隔一天1次，每次在9：00—10：00观测，记录麻苗株高，50%麻苗进入快速生长的日期为快速生长期。用“日/月”表示。

A.5 雄株现蕾期

雄株主茎顶端叶腋处能见明显花蕾即为现蕾。当试验小区雄株开始出现花蕾，在试验小区中部选取2~3行的麻株为调查对象，每隔一天1次，每次在9：00—10：00观测，记录现蕾株数，50%雄株现蕾的日期为现蕾期。用“日/月”表示。

A.6 雄株开花期

雄株主茎顶端花序的花药出现爆裂散粉即为开花。当试验小区第一朵雄花开放后，在试验小区中部选取2~3行的麻株为调查对象，每隔一天1次，每次在9：00—10：00观测，记录开花株数，50%雄株开花的日期为开花期。用“日/月”表示。

A.7 结果期

雌株顶端叶腋处出现簇生绿色小果即为结果。当试验小区雌株顶端叶腋处出现簇生绿色小果后，在试验小区中部选取2~3行的麻株为调查对象，每隔一天1次，每次在9：00—10：00观测，记录结果株数，50%雌株结果的日期为结果期。用“日/月”表示。

A.8 工艺成熟期

当雄株已过花期，花粉大量散落，雌株开始结实，麻株茎上部叶片黄绿色，下部1/3叶片凋落，表明工业大麻已达到工艺成熟时期，在试验小区中部选取2~3行的麻株为调查对象，记录2/3以上的植株达到工艺成熟的日期为工艺成熟期。用“日/月”表示。

A.9 种子成熟期

当雌株花序中部坚果苞片呈黑褐色时，表明工业大麻已进入种子成熟期，在试验小区中部选取2~3行的麻株为调查对象，记录2/3以上雌株达到种子成熟的日期为种子成熟期。用“日/月”表示。

A.10 出苗日数

在物候期观测的基础上，计算出每个试验处理播种期至出苗期的天数。单位为 d。

A.11 现蕾日数

在物候期观测的基础上，计算出每个试验处理出苗期至现蕾期的天数。单位为 d。

A.12 开花日数

在物候期观测的基础上，计算出每个试验处理出苗期至开花期的天数。单位为 d。

A.13 生长日数

在物候期观测的基础上，计算出每个试验处理出苗期至工艺成熟期的天数。单位为 d。

A.14 生育日数

在物候期观测的基础上，计算出每个试验处理出苗期至种子成熟期的天数。单位为 d。

附录 B
（规范性）
生育特性调查记载

B.1 熟性

按工业大麻的生育日数来确定，分为早熟、中熟和晚熟三类。生育日数≤120d 为早熟，生育日数 120~150d 为中熟，生育日数≥150d 为晚熟。

B.2　生长速度

从定苗后固定有代表性的工业大麻植株 10~20 株，每隔 10d 定期测量工业大麻植株高度，以 cm/d 表示。

B.3　性型

在一个工业大麻品种或品系内，植株形成雌花或雄花的能力和表现形式。在工业大麻植株的开花盛期，以试验小区全部麻株为观测对象，根据试验小区内雄株的有无确定工业大麻品种或品系的性型。

B.3.1　雌雄同株

群体内无雄株。

B.3.2　雌雄异株

群体内有雄株。

B.4　雌雄比

工业大麻植株的开花盛期，在试验小区选取 2~3 行的麻株为调查对象，调查小区内雌株和雄株数目，以雄株数为 100 株，计算出雌雄株的比值。

B.5　性状一致性

B.5.1　苗期

在试验小区选取 2~3 行的麻株为调查对象，于 5 对真叶期前后观测，根据幼苗生长习性，叶形、叶色、叶姿、叶缘锯齿曲平、叶柄色、茎色、托叶有无及色泽等，有 95%以上麻苗一致为“一致”，90%左右麻苗一致为“中”，不足 85%者为“不一致”。

B.5.2　初花期

在试验小区选取 2~3 行的麻株为调查对象，于现蕾至初花期间观测，根据植株的高矮大小、叶色、茎色、花色等，有 95%以上麻株一致为“一致”，90%左右麻株一致为“中”，不足 85%者为“不一致”。

B.5.3　成熟期

在试验小区选取 2~3 行的麻株为调查对象，于成熟期观测，根据株型、果型、果色、成熟度等，有95%以上麻株一致为“一致”，90%左右麻株一致为“中”，不足85%者为“不一致”。

B.6 生长势

在试验小区选取2~3行的麻株为调查对象，5对真叶期前后和现蕾至初花期间观测，麻株茎叶浓绿色，叶片较宽而厚，茎粗壮，植株生长旺盛为生长势“强”；麻株茎叶浅绿色，叶片较窄而薄，茎细弱，植株生长不旺盛为生长势“弱”；介于两者之间为生长势“中”。

B.6.1 苗期

于5对真叶期前后观测，根据麻株茎叶色深浅、叶片厚薄、茎粗细、叶片多少和叶面积大小等生育情况，分“强”“中”“弱”3级记载。

B.6.2 初花期

于现蕾至初花期间调查，根据麻株生长快慢、茎秆粗细、叶片厚薄等生育情况，分“强”“中”“弱”3级记载。

B.7 生长整齐度

在试验小区选取2~3行的麻株为调查对象，盛花期调查，根据植株群体中不同类苗的组合程度按“整齐”“较整齐”“不整齐”3级记载。盛花期，有90%以上麻株高相差小于30cm为“整齐”，相差30~50cm为“较整齐”，相差大于50cm的为“不整齐”。

附录C
（规范性）
主要农艺性状调查记载

C.1 株高

在工业大麻植株的工艺成熟期，从试验小区随机抽取20株（雌株、雄株各10株），用标尺度量每株工业大麻从主茎基部的子叶节至生长点的距离。单位为cm。

C.2　茎粗

在工业大麻植株的工艺成熟期，从试验小区随机抽取 20 株（雌株、雄株各 10 株），用游标卡尺度量每株工业大麻主茎基部以上全株高度 1/3 处的直径。单位为 mm。

C.3　第一分枝节位

工业大麻主茎上长度在 15cm 以上的侧枝为有效分枝，不足 15cm 的侧枝为无效分枝。在工业大麻植株的工艺成熟期，从试验小区随机抽取 20 株（雌株、雄株各 10 株），调查每株工业大麻第一个有效分枝在主茎上的具体节位。单位为节。

C.4　主茎节数

在工业大麻植株的工艺成熟期，从试验小区随机抽取 20 株（雌株、雄株各 10 株），调查每株工业大麻从主茎基部的子叶节至茎秆顶端的总节数。单位为节。

C.5　分枝数

在工业大麻植株的工艺成熟期，从试验小区随机抽取 20 株（雌株、雄株各 10 株），调查每株工业大麻主茎上长度在 15cm 以上的侧枝（有效分枝）个数。单位为个。

C.6　第一分枝高度

在工业大麻植株的工艺成熟期，从试验小区随机抽取 20 株（雌株、雄株各 10 株），用标尺度量每株工业大麻主茎基部的子叶节至第一分枝节位的距离。单位为 cm。

C.7　鲜皮厚度

在工业大麻植株的工艺成熟期，从试验小区随机抽取 20 株（雌株、雄株各 10 株），用螺旋测微器（千分卡尺）测量每株麻主茎基部以上株高 1/3 处的鲜麻皮厚度。单位为 mm。

C.8 单株干皮重

工业大麻干皮指从鲜茎上剥下后，完全晒干的麻皮又称魁麻。在工业大麻植株的工艺成熟期，从试验小区随机抽取 20 株（雌株、雄株各 10 株），将每株麻的皮从鲜茎上剥下后完全晒干，用电子天平称取干皮重量，再换算成单株干皮重。单位为 g。

C.9 单株纤维重

工业大麻纤维指用鲜麻皮或干麻皮沤洗后，完全晒干的产出物，也称精麻、线麻。在工业大麻植株的工艺成熟期，从试验小区随机抽取 20 株（雌株、雄株各 10 株），剥取麻皮，经沤洗后获得麻纤维，将麻纤维完全晒干后，用电子天平称取其重量，再换算成单株纤维重。单位为 g。

C.10 原茎干皮率

在工业大麻植株的工艺成熟期，从试验小区随机抽取 5kg 工业大麻鲜茎，经皮秆分离，获得麻皮和秆心后分别晒干，用电子天平称取重量，计算干麻皮重量与秆心、干麻皮重量和之比值，以%表示。

C.11 干茎出麻率

工业大麻植株工艺成熟期收获后，从试验小区随机抽取 5kg 工业大麻原茎，经沤制脱胶、干燥工序后制成干茎，获取纤维，用电子天平称取重量，计算纤维重量与干茎重量之比值，以%表示。

C.12 干皮精洗率

在工业大麻植株的工艺成熟期，从试验小区随机抽取 1kg 工业大麻干皮，经沤洗脱胶获得纤维并晒干，用电子天平称取重量，计算纤维与干皮重量之比值，以%表示。

C.13 种子千粒重

种子千粒重指 1 000 粒工业大麻种子（含水量在 12%左右）的重量。从正常成熟，并经清选的工业大麻种子中，随机抽取 4 个样本，每个样本 100 粒，用电子天平分别称取重量，单位为 g，精确到 0.1g，再换算成 1 000 粒种子重，取加权平均值。

C.14　种子发芽率

从正常成熟的工业大麻种子中，随机抽取3个样本，每个样本100粒，在培养皿中垫好滤纸，每个培养皿放100粒工业大麻种子，加入适量的蒸馏水，放入28℃的恒温箱中72h后分别观测3个样本的发芽情况，计算正常发芽的工业大麻种子数与供检种子数之比值，取加权平均值，以%表示。

C.15　无效株率

工艺成熟期，株高在正常麻株1/2以下的植株为无效麻株。在工业大麻植株的工艺成熟期，从试验小区中部选取2~3行的麻株为调查对象，调查麻株总数和无效麻株数，计算无效麻株数与调查麻株总数的比值，以%表示。

附录D
（规范性）
主要形态特征调查记载

D.1　子叶形状

第一对真叶展开时，工业大麻子叶的形状。以试验小区全部幼苗为观测对象，目测子叶的形状，分为卵圆、椭圆、长椭圆形3种。

D.2　子叶色

第一对真叶展开时，工业大麻子叶的颜色。以试验小区全部幼苗为观测对象，在正常一致的光照条件下，目测子叶的颜色，分为浅绿色、黄绿色、绿色、深绿色4种。

D.3　心叶色

第一对完全展开的真叶（幼苗心叶）的颜色。以试验小区全部幼苗为观测对象，在正常一致的光照条件下，目测第一对完全展开真叶的颜色，分为黄绿色、绿色、浅紫色、紫色4种。

D.4 叶数

工艺成熟期，工业大麻植株第一对真叶至茎梢部最后一叶的总叶数。在工业大麻植株的工艺成熟期，从试验小区随机抽取 20 株为观测对象，调查每株从第一对真叶计，主茎上所有的叶片数目。单位为个。

D.5 叶型

现蕾期，工业大麻植株茎中部单个叶节上的掌状复叶数目。在工业大麻植株的现蕾期，以试验小区全部麻株为观测对象，目测每个主茎中部单个叶节上掌状复叶的数目，分为三叶、二叶两种类型。

D.6 单叶小叶数

现蕾期，工业大麻植株中部正常单个掌状复叶的小叶数目。在工业大麻植株的现蕾期，从试验小区中部随机抽取 20 株（雌株、雄株各 10 株）为观测对象，目测每株小叶最多的叶片总叶柄处着生小叶的数目。单位为个。

D.7 叶色

现蕾期，工业大麻植株中部正常叶片正面的颜色。在工业大麻植株的现蕾期，以试验小区全部麻株为观测对象，目测植株中部正常叶片正面的颜色。分为浅红色、浅绿色、绿色、深绿色 4 种。

D.8 叶片长度

现蕾期，工业大麻植株正常叶片叶基部至最尖端的距离。在工业大麻植株的现蕾期，从试验小区中部随机抽取 20 株（雌株、雄株各 10 株），以每株麻生长点以下倒数第 6~15 片完全展开叶为观测对象，测量每片叶从叶基至叶尖端的最大长度。单位为 cm。

D.9 叶片宽度

现蕾期，工业大麻植株正常叶片最宽处的距离。在工业大麻植株的现蕾期，从试验小区中部随机抽取 20 株（雌株、雄株各 10 株）为观测对象，调查每株麻生长点以下倒数第 6~15 片完全展开叶，测量每片叶最宽处的距离。单位为 cm。

D. 10　叶面积

现蕾期，工业大麻植株正常叶片的面积。在工业大麻植株的现蕾期，从试验小区中部随机抽取 20 株（雌株、雄株各 10 株）为观测对象，调查每株麻生长点以下倒数第 6~15 片完全展开叶，用叶面仪测定每片叶的面积。单位为 cm^2。

D. 11　叶柄色

现蕾期，工业大麻植株叶柄表面的颜色。在工业大麻植株的现蕾期，以试验小区全部麻株为观测对象，在正常一致的光照条件下，目测植株中部正常叶片叶柄表面的颜色，分为绿色、浅紫色、紫色 3 种。

D. 12　叶脉色

现蕾期，工业大麻植株正常叶片叶脉的颜色。在工业大麻植株的现蕾期，以试验小区全部麻株为观测对象，在正常一致的光照条件下，目测植株中部正常叶片叶脉的颜色，分为白色、绿色两种。

D. 13　叶缘锯齿

现蕾期，工业大麻植株正常叶片的叶缘锯齿形态。在工业大麻植株的现蕾期，以试验小区全部麻株为观测对象，目测植株中部正常叶片叶缘锯齿的形状，分为卷曲、平直两种。

D. 14　茎色

工业大麻植株茎秆表面的颜色。

D. 14. 1　苗期茎色

在工业大麻植株出苗后 10~15d，以试验小区全部麻株为观测对象，在正常一致的光照条件下，目测植株茎表面的颜色。分为绿色、红色、浅紫色、紫色 4 种。

D. 14. 2　中期茎色

在工业大麻植株出苗后 60~80d，以试验小区全部麻株为观测对象，在正常一致的光照条件下，目测植株茎表面的颜色。分为绿色、红色、浅紫色、紫色 4 种。

D. 14. 3　后期茎色

在工业大麻植株生长后期（收获前 10d），以试验小区全部麻株为观测对象，在正常一致的光照条件下，目测植株茎表面的颜色。分为绿色、红色、紫色 3 种。

D. 15　雄花色

工业大麻雄花的颜色。在工业大麻植株的开花期，从试验小区中部随机选取雄花序 20 个为观测对象，在正常一致的光照条件下，目测雄花的颜色。分为绿色、红色、紫色 3 种。

D. 16　雌花色

工业大麻雌花的颜色。在工业大麻植株的开花盛期，从试验小区中部随机选取雌花序 20 个为观测对象，在正常一致的光照条件下，目测雌花的颜色。分为黄绿色、绿色两种。

D. 17　柱头色

工业大麻雌花的柱头颜色。在工业大麻植株的开花盛期，从试验小区中部随机选取雌花序 20 个为观测对象，在正常一致的光照条件下，目测雌花柱头的颜色。分为白色、棕色、棕黑色 3 种。

D. 18　花药色

工业大麻雄花的花药颜色。在工业大麻植株的开花期，从试验小区中部随机选取雄花序 20 个为观测对象，在正常一致的光照条件下，目测花药的颜色。分为淡黄色、黄色、褐色 3 种。

D. 19　花粉色

工业大麻雄花的花粉颜色。在工业大麻植株的开花期，从试验小区中部随机选取雄花序 20 个为观测对象，在正常一致的光照条件下，目测花粉的颜色。分为白色、黄白色、黄色 3 种。

D. 20　果形

工业大麻正常成熟坚果的外部形状。在工业大麻植株的结果期，从试验小区随机选取 20 个成熟坚果为观测对象，目测坚果的外部形状。分为卵圆形、近圆形、圆形 3 种。

D. 21　种子形状

工业大麻正常成熟种子的外表形状。试验小区工业大麻种子正常成熟期目测确定种子的外表形状，分为卵圆形、近圆形、圆形 3 种。

D. 22　种皮颜色

工业大麻正常成熟种子的表皮颜色。试验小区工业大麻种子正常成熟期目测确定种子的表皮颜色，分为浅灰色、灰色、浅褐色、褐色、黑褐色 5 种。

D. 23　种皮花纹

工业大麻正常成熟种子表皮的花纹状况。试验小区工业大麻种子正常成熟期目测确定种子表皮的花纹状况，分为无、花纹、斑点 3 种。

D. 24　籽粒类型

工业大麻按种子重量划分的大小类型。正常成熟的工业大麻种子，以种子千粒重的大小来确定，分为小粒型（≤16. 0g）、中粒型（16. 0～23. 0g）、大粒型（≥23. 0g）3 类。

附录 E
（规范性）
抗病虫性调查记载

E. 1　褐斑病（*Cercosporina cannabinus* Hara et Fukui）抗性

苗期调查，每个试验小区随机选取 30～50 株，调查工业大麻植株发病情况，记录植株叶片的受害情况。

E.1.1　病情的分级标准按表E.1执行。

表E.1　褐斑病分级标准

等级	调查标准
0	无病斑
1	仅有很少的小病斑，直径1.0mm以下
2	散生小病斑，直径1.0~2.0mm，病斑面积占叶面积的1/5以下
3	散生圆形病斑，直径2.0~5.0mm，病斑部分连接，病斑面积占叶面积的1/5~1/3
4	病斑扩大，连接成不规则状，有分生孢子，病斑面积占叶面积的1/3~2/3
5	病斑多为连接，有大量分生孢子器，病斑面积占叶面积的2/3以上，大量落叶，主茎折断

E.1.2　病情指数计算方法

E.1.2.1　植株发病情况病株率按公式E.1计算。

$$X=\frac{a_1}{a}\times 100 \quad \text{(E.1)}$$

式中：

X——病株率；

a_1——发病植株数；

a——调查植株数。

E.1.2.2　病级计算病情指数按公式E.2计算。

$$Y=\frac{\sum b_1\times c_1}{b\times c}\times 100 \quad \text{(E.2)}$$

式中：

Y——病情指数；

b_1——各级病叶数；

c_1——各严重度等级值；

b——调查总叶数；

c——最高级级值。

E.1.3　褐斑病的抗性分级

根据病情指数，将工业大麻褐斑病抗性按表E.2进行。

表 E. 2 褐斑病抗性等级及分级标准

等级	分级标准
1 高抗（HR）	病情指数<20
3 抗病（R）	20≤病情指数<40
5 中抗（MR）	40≤病情指数<60
7 感病（S）	60≤病情指数<80
9 高感（HS）	病情指数≥80

必要时，计算相对病情指数，用以比较不同批次试验材料（处理）的抗病性。

E. 2 菌核病（*Botrytis cinerea* Pers.）抗性

工业大麻植株对菌核病的抗性于苗期调查，每个试验小区随机选取 30~50 株，调查发病情况，记录植株茎秆基部、叶片的受害情况。

E. 2. 1 病情的分级按表 E. 3 进行。

表 E. 3 菌核病分级标准

等级	调查标准
0	无病斑
1	茎秆上有微小病斑，直径 2. 0mm 以内，叶上无病斑
2	茎秆上病斑直径达 2. 0mm，叶上有微小病斑
3	病斑直径扩大到茎直径的 1/3~2/3，叶上病斑直径 5. 0mm 以内
4	病斑直径扩大到茎直径的 2/3 以上，叶上病斑直径 5. 0mm 以上其上有黑色似鼠屎
5	状的菌核病斑包围整个茎，茎秆因病折断或死亡

E. 2. 2 植株发病情况计算按公式 E. 1 计算。

E. 2. 3 病级计算病情指数按公式 E. 2 计算。

E. 2. 4 菌核病抗性分级。

根据病情指数，将工业大麻菌核病的抗性分级按表 E. 4 进行。

表 E. 4 菌核病抗性等级及分级标准

等级	分级标准
3 抗病（R）	病情指数<30. 0
5 中抗（MR）	30. 0≤病情指数<70. 0
7 感病（S）	病情指数≥70. 0

E.3 白星病［*Septoria cannabinus*（Lasch）Sac.］抗性

工业大麻植株对白星病的抗性于苗期调查，当工业大麻植株高度达50~70cm时，每个试验小区随机选取30~50株，调查工业大麻植株发病情况，记录植株叶片的受害情况。

E.3.1 病情的分级按表E.5进行。

表E.5 白星病分级标准

等级	调查标准
0	无病斑
1	叶片上有少量小病斑
2	病斑占叶面积的1/3以内
3	病斑占叶面积的1/3~2/3
4	病斑占叶面积的2/3以上

E.3.2 大麻白星病病株率和病指计算方法同菌核病。

E.3.3 大麻对白星病的抗性分级同菌核病。

E.4 白绢病［*Corticum centrifugum*（Lev.）Bres.］抗性

在工业大麻植株的现蕾期，每个试验小区随机选取30~50株，调查每株麻在自然发病状态下，因感染大麻白绢病菌表现出的受害情况。记录植株茎秆、叶片上的病斑发生情况。

E.4.1 病情的分级按表E.6进行。

表E.6 白绢病分级标准

等级	调查标准
0	无病斑
1	茎上小病斑，叶上无病斑
2	茎上病斑直径5.0mm以内，叶上小病斑
3	茎上病斑直径达5.0mm，叶上病斑直径在5.0mm以内
4	茎、叶上有球形菌核，茎秆枯死

E.4.2 大麻白绢病病株率和病指计算方法同菌核病。

E.4.3 大麻对白绢病的抗性分级同菌核病。

E.5　霜霉病[*Pseudoperonospora cannabinus*(Otth.)Curz.]抗性

在工业大麻植株的现蕾期，每个试验小区随机选取30~50株，调查每株麻在自然发病状态下，因感染大麻霜霉病菌表现出的受害情况。记录植株叶片上的病斑发生情况。

E.5.1　病情的分级按表E.7进行。

表E.7　霜霉病分级标准

等级	调查标准
0	无病症
1	仅有很少的小病斑，直径2.0mm以下
2	病斑直径2.0mm以上，病斑面积占叶面积的1/3以下
3	病斑占叶面积的1/3~2/3
4	病斑占叶面积的2/3以上或全株枯死

E.5.2　大麻霜霉病病株率和病指计算方法同菌核病。

E.5.3　大麻对霜霉病的抗性分级同菌核病。

E.6　叶跳甲（*Psylliodes attenceata* Koch）抗性

在工业大麻植株的苗期，当大麻叶跳甲虫害发生后，在虫害发生盛期从试验小区中部随机选取10株，以每株生长点以下5片完全展开叶为观测对象，调查每个叶片上的虫口数目，得到每株的虫口密度。以10株虫口密度的算术平均值表示每个试验处理的虫口密度。

E.6.1　叶跳甲的抗性分级

根据虫口密度，工业大麻对大麻叶跳甲的抗性按表E.8进行。

表E.8　叶跳甲抗性等级及分级标准

等级	分级标准
3抗（R）	虫口密度<70
5中（MR）	70≤虫口密度<120
7感（S）	虫口密度≥120

附录 F
（规范性）
抗（耐）逆性调查记载

F.1 耐旱性

工业大麻植株忍耐或抵抗干旱的能力。分“强”“中”“弱”3 级记载。工业大麻生长期，遇到干旱的土壤环境，植株开始萎蔫，出现明显干旱胁迫状况时，在恢复正常水分管理 10d 后，调查供试工业大麻的植株受害情况。

F.1.1 干旱危害级别分级按表 F.1 进行。

表 F.1 干旱胁迫等级及分级标准

等级	调查标准
1 级	叶片凋萎最少，或恢复最快
2 级	介于 1 级与 3 级之间
3 级	叶片凋萎最多，或恢复最慢

F.1.2 植株受干旱胁迫情况计算：旱害株率按公式 F.1 进行。

$$Z = \frac{d_1}{d} \times 100 \quad \cdots\cdots (F.1)$$

式中：

Z——旱害株率；

d_1——受旱害植株数；

d——调查植株数。

F.1.3 干旱危害级别计算：干旱危害指数按公式 F.2 进行。

$$Q = \frac{\sum (e_1 \times f_1)}{e \times f} \times 100 \quad \cdots\cdots (F.2)$$

式中：

Q——旱害指数；

e_1——各级旱害株数；

f_1——各旱害等级值；

e——调查总株数；

f——最高级级值。

F. 1. 4　耐旱性分级。

根据旱害指数，将工业大麻旱害等级及分级按表 F. 2 进行。

表 F. 2　旱害等级及分级标准

等级	分级标准
3 强	旱害指数<20
5 中	20≤旱害指数<60
7 弱	旱害指数≥60

F. 2　耐涝性

工业大麻植株忍耐或抵抗高湿度环境和水涝的能力，分“强”“中”“弱”3 级记载。工业大麻生长期，遇到高湿度环境和水涝（如田间水层高出土面 2~3cm，持续 10d）状况时，在恢复正常田间管理 7d 后，调查供试工业大麻的植株受害情况。

F. 2. 1　涝害级别根据植株的恢复和死亡状况分级按表 F. 3 进行。

表 F. 3　涝害等级及分级标准

等级	调查标准
0 级	完全叶基本恢复，或仅叶片尖梢部枯红，植株生长正常
1 级	无枯死叶，发红叶不超过 6 片
2 级	植株基本恢复生长，枯死叶不超过 4 片
3 级	完全叶枯死 6~8 片，有新叶长出
4 级	植株基本枯死

F. 2. 2　植株受涝害情况计算：涝害株率按公式 F. 3 进行。

$$M=\frac{j_1}{j} \quad \text{(F. 3)}$$

式中：

M——涝害株率；

j_1——受涝害植株数；

j——调查植株总数。

F. 2. 3　涝害级别计算：涝害指数按公式 F. 4 进行。

$$N = \frac{\Sigma(k_1 \times h_1)}{k \times h} \times 100 \quad \cdots\cdots\cdots\cdots\cdots\cdots\cdots\cdots \quad (F.4)$$

式中：

N——涝害指数；

k_1——各级涝害株数；

h_1——各涝害等级值；

k——调查总株数；

h——最高级级值。

F. 2. 4　耐涝性分级。

根据涝害指数，将工业大麻耐涝性分级按表 F. 4 进行。

表 F. 4　耐涝性等级及分级标准

等级	分级标准
3 强	涝害指数<20
5 中	20≤涝害指数<60
7 弱	涝害指数≥60

F. 3　耐寒性

工业大麻植株苗期忍耐或抵抗低温或寒冷的能力。分“强”“中”“弱”3 级记载。遇低温冷害 7d 后，调查供试工业大麻植株发生冷害症状。

F. 3. 1　冷害级别根据冷害症状分级按表 F. 5 进行。

表 F. 5　冷害等级及分级标准

等级	调查标准
0 级	无冷害现象发生
1 级	叶片稍有萎蔫
2 级	叶片失水严重
3 级	叶片严重萎蔫
4 级	整株萎蔫死亡

F. 3. 2　植株受冷害情况计算：冷害株率按公式 F. 5 进行。

$$P = \frac{r_1}{r} \times 100 \quad \cdots\cdots\cdots\cdots\cdots\cdots\cdots\cdots\cdots\cdots \quad (F.5)$$

式中：

P——冷害株率；

r_1——受冷害植株数；

r——调查植株总数。

F. 3. 3 冷害级别计算：冷害指数按公式 F. 6 进行。

$$S = \frac{\sum(t_1 \times u_1)}{t \times u} \times 100 \quad \cdots\cdots\cdots\cdots (F.6)$$

式中：

S——冷害指数；

t_1——各级冷害株数；

u_1——各冷害度等级值；

t——调查总株数；

u——最高级级值。

F. 3. 4 耐寒性分级。

根据冷害指数，将工业大麻耐寒性分级按表 F. 6 进行。

表 F. 6 耐寒性等级及分级标准

等级	分级标准
3 强	冷害指数<20
5 中	20≤冷害指数<60
7 弱	冷害指数≥60

F. 4 抗倒性

工业大麻植株忍耐或抵抗倒伏的能力，分“极强”“强”“中”“弱”4 级记载。在旺长期，当田间遭受风害等灾害后 2d，以整个试验小区的全部麻株为观测对象，调查植株发生擦伤、倒伏或折断的情况，根据受害程度确定抗倒性等级按表 F. 7 进行。

表 F. 7 抗倒性等级及分级标准

等级	分级标准
1 极强	无擦伤，不倒伏，折断麻株率<3%
3 强	轻度擦伤，倒伏<15°，3%≤折断麻株率<5%

（续表）

等级	分级标准
5 中	中度擦伤，倒伏<45°，5%≤折断麻株率<10%
7 弱	重度擦伤，倒伏≥45°，折断麻株率≥10%

附录 G
（规范性）
产量调查记载

G.1 原茎产量

在工业大麻植株的工艺成熟期，以试验小区全部麻株为测定对象，收割小区所有的麻株，将剔除枝叶和花序后的茎秆晾晒干，用电子天平称重，得出小区原茎产量，精确到 0.01kg。根据试验小区面积，折算每公顷的原茎产量。单位为 kg/hm^2。

G.2 干茎产量

工业大麻植株工艺成熟期收获后，从试验小区随机抽取 5kg 工业大麻原茎，经沤制脱胶干燥工序后制成干茎，用电子天平称重，精确到 0.01kg。计算干茎重量占原茎重量的百分率（干茎制成率），根据试验小区面积、小区原茎产量和干茎制成率折算每公顷的干茎产量。单位为 kg/hm^2。

G.3 花叶产量

在工业大麻植株的工艺成熟期，以试验小区全部麻株为测定对象，收割小区所有的麻株，剔下茎枝上小于 15cm 的嫩枝叶和花序晒干，用电子天平称重，得出小区干花叶产量，精确到 0.01kg。根据试验小区面积，折算每公顷的干花叶产量。单位为 kg/hm^2。

G.4 干皮产量

在工业大麻植株的工艺成熟期，以试验小区全部麻株为测定对象，收割小区所有的麻株，剥取鲜麻皮，晒干，用电子天平称重，得出小区干皮产量，精确到 0.01kg。根据试验小区面积，折算每公顷的干皮产量。单位为 kg/hm^2。

G.5 纤维产量

在工业大麻植株的工艺成熟期，以试验小区全部麻株为测定对象，收割小区所有的麻株，将鲜茎、鲜皮或干皮，浸入水中沤洗制得纤维，晒干后用电子天平称重，得出小区精麻产量，精确到 0.01kg。根据试验小区面积，折算每公顷的纤维（精麻）产量。单位为 kg/hm^2。

G.6 种子产量

在工业大麻种子成熟期，以试验小区全部麻株为测定对象，收割小区所有的麻株，将工业大麻脱粒收获、晒干（含水量在 12%）、清选，用电子天平称重，得出小区种子产量，精确到 0.01kg。根据试验小区面积，折算每公顷的种子产量。单位为 kg/hm^2。

附录 H
(规范性)
试验报告

H.1 试验来源和目的

H.2 试验时间和地点

H.3 试验材料与方法

H.3.1 供试物资（出产地点、生产者名称、产品类型、产品名称、剂型、含量等）

H.3.2 供试品种（选育单位、品种名称等）

H.3.3 试验方案和方法［试验的设计方法、处理设置、重复次数，小区面积（长×宽＝ m^2）等］

H.4 试验地基本情况

H.4.1 试验地点

H.4.2 地理数据（海拔高度、经度、纬度等）

H.4.3 试验地周围环境

H.4.4 试验地土壤条件（包括地势、土壤质地、土壤类型和土壤养分状况等）

H.4.5 试验地气候条件（平均气温、有效积温、日照时数、降水量、蒸发量、大气相对湿度等）

H.4.6 试验地排灌条件

H.4.7 试验地前作及其生长情况

H.5 栽培管理

H.5.1 整地情况（包括时期、次数、深度等）

H.5.2 播种时期

H.5.3 种植密度

H.5.4 播种方式

H.5.5 播种规格（行距、播幅宽、行长、小区行数等）

H.5.6 中耕除草（包括时间、次数及化学除草剂的出产地点、生产者名称、产品类型、产品名称、剂型、含量等）

H.5.7 查苗补缺（包括时间、次数、方法等）

H.5.8 间苗定苗（包括时间、次数、方法等）

H.5.9 施肥（包括时间、次数、方法、产品名称、含量、NPK 比例和数量等）

H.5.10 灌排水（包括时间、次数、方法等）

H.5.11 病虫害防治（包括时间、次数、方法、药品名称、剂型、含量等）

H.5.12 试验过程中出现的特殊情况（如灾害等）及解决办法、程度

H.6 试验结果与分析

H.6.1 不同处理对工业大麻生育期、抗病虫性、抗（耐）逆性等的影响（包括调查统计分析表格、文字描述等）

H.6.2 不同处理对工业大麻主要农艺性状的影响（包括调查统计分析表格、

文字描述等)

H. 6. 3 不同处理对工业大麻产量及产值的影响

H. 6. 4 试验数据统计分析［两个处理的配对设计，应按配对设计进行 t 检验；多于两个处理的随机区组设计，采用方差分析，试验处理间的差异显著性检验采用新复极差测验（SSR 测验）或最小显著差数法（LSD 法），并列出数据表或图］

H. 6. 5 其他（分析不同处理的投入产出比等）

H. 7 试验结论

试验执行单位：

主持人（本人签字）：

年 月 日

附录八　纤用工业大麻生产技术规程
（DB2312/T 076-2023）

1　范围

本文件规定了纤用工业大麻生产过程中的术语和定义、环境条件、整地、品种选择及种子处理、播种、田间管理、病虫害防治、收获、贮藏保存和档案管理。

本文件适用于绥化市纤用工业大麻种植区的生产。

2　规范性引用文件

下列文件中的内容通过文中的规范性引用而构成本文件必不可少的条款。其中，注日期的引用文件，仅该日期对应的版本适用于本文件。不注日期的引用文件，其最新版本（包括所有的修改单）适用于本文件。

GB 3095　环境空气质量标准

GB 5084　农田灌溉水质标准

GB/T 8321.1~10　农药合理使用准则（所有部分）

GB 15618　土壤环境质量 农用地土壤污染风险管控标准（试行）

NY 525　有机肥料农业行业标准

NY/T 496　肥料合理使用标准通则

NY/T 1276　农药安全使用规范总则

3　术语和定义

下列术语和定义适用于本文件。

3.1　纤用工业大麻

纤用工业大麻指开花期雌株顶部叶片及花穗的四氢大麻酚（THC）含量<

0.3%（干物质百分比）的工业大麻，以工业大麻秸秆为主要应用的工业大麻品种类型。

4 环境条件

环境空气质量应符合 GB 3095 的规定，土壤环境质量应符合 GB 15618 的规定，农田灌溉水质应符合 GB 5084 的标准。

5 整地

5.1 选地选茬

纤用工业大麻种植选择土层深厚、结构疏松、土质肥沃、保水保肥能力强、地势较平坦的山坡地、丘陵地、岗地，茬口避免选择甜菜、向日葵。

5.2 整地要求

秋整地，整地标准达到平整、耙碎、土细如面、面平如镜的效果。

6 品种选择及种子处理

6.1 品种选择

种子选择适宜推广的抗病高产优质的认定品种，种子质量符合发芽率85%，种子纯度99%，种子净度98%以上的工业大麻种子。

6.2 种子处理

播种前 3~5d 选晴天晾晒 2d，每天翻动 3~4 次，杀死部分病菌。也可以选择播种前用杀虫剂、杀菌剂进行药剂拌种，预防病虫害。农药使用按照 GB/T 8321.1~10（所有部分）的规定执行。

7 播种

7.1 播期

土壤墒情好适时早播，播层土壤温度稳定在8~10℃，最佳播种期在4月30日至5月10日。

7.2 播种方式

采用平作方式，条播机播种，行距为15cm，播深3~4cm。

7.3 播量

每公顷保苗数320万~350万株，公顷播量根据品种不同一般在120kg左右。播种、覆土、镇压连续匀速作业，做到不重播，不漏播，深浅一致，覆土严密。

8 田间管理

8.1 施肥

肥料使用按照NYT 496的规定执行，以肥效较长、完全腐熟的有机肥为主，化肥为辅。每667m^2施农家肥2 000~3 000kg，高磷复合肥（N：P_2O_5：K_2O=15：15：15）20~30kg。有机肥应符合NY 525的规定。

8.2 化学灭草

播后苗前每公顷用75%异丙甲草胺乳油3kg兑水600~700kg均匀喷雾防治，苗后除草用24%的烯草酮乳油420~600mL兑水400~500kg防除禾本科杂草。使用的化学药剂按照GB/T 8321.1~10（所有部分）的规定执行。

9 病虫害防治

9.1 防治原则

贯彻“预防为主，综合防治”的植保方针，坚持以农业防治、物理防治、生物防治为主，化学防治为辅的无害化病虫防治原则。使用的化学药剂按照GB/T 8321.1~10（所有部分）的规定执行。

9.2 病害防治

大麻霜霉病发病初期及时喷雾福美林特效药，大麻白星病发病初期喷施波尔多液14%络氨铜可湿性粉剂；大麻霉斑病发病初期及时用甲基硫菌灵喷雾或50%福美双可湿性粉剂。防病治病过程中结合增施有机肥，冬前深翻，配方施肥、合理密植等技术措施。

9.3 虫害防治

大麻苗期跳甲发生严重时，容易造成毁灭性灾害，及时采用触杀、胃毒性杀虫剂氯氰菊酯类药物进行防治；玉米螟采用氯氰菊酯等杀虫剂在6月中旬发生量较大时喷施；大麻天生利用成虫假死性，在成虫盛发期于清晨捕杀成虫；小象鼻虫麻田在越冬成虫活动初期用2.5%敌百虫粉剂，隔7d后在成虫盛发期撒1次药。虫害防治中及时进行地上物处理，挖烧麻根降低虫源数量。

10 收获

采用大麻专用割晒机在工业大麻工艺成熟期适时收获，要求做到放铺不乱，厚度一致。

11 贮藏保存

工业大麻专用割晒机收获后，铺放在麻田里进行雨露沤制，待沤制好并达到安全水分时进行捆麻，随捆随立于麻田或运往加工厂归垛保存。

12 档案管理

详细记录整地、品种选择及种子处理、播种、田间管理、病虫草害防治和收获等环节采取的主要措施，建立生产档案，并保留存档。

附录九　籽用大麻生产技术规程
（DB2306/T 105—2019）

1　范围

本标准规定了大庆地区籽用大麻种植生产的术语和定义、播前准备、品种选择、种子处理、播种、田间管理、病虫害防治、收获。

本标准适用于大庆地区籽用大麻种植生产。

2　规范性引用文件

下列文件对于本文件的应用是必不可少的。凡是注日期的引用文件，仅注日期的版本适用于本文件。

凡是不注日期的引用文件，其最新版本（包括所有的修改单）适用于本文件。

GB 4407.2　农作物种子质量标准　经济作物种子　油料类

GB 5084　农业灌溉水质标准

GB/T 8321.9　农药合理使用准则（九）

NY/T 496　肥料合理使用准则通则

NY/T 1276　农药安全使用规范总则

3　术语和定义

下列术语和定义适用于本文件。

3.1　籽用大麻

四氢大麻酚（THC）含量低于0.3%并用于生产利用种子的大麻称为籽用大麻。

3.2 种子成熟期

全田50%~75%雌株大部分叶片凋落卷缩，花序中部的苞片褐色枯干的日期。

4 播前准备

4.1 选地

应选择土层深厚、耕层疏松、土质肥沃、透气渗水性良好、中性或微酸微碱的平地或漫坡地，不应选择前茬施用磺酰脲类、咪唑啉酮类等长残留除草剂和玉米螟发生较重的地块。

4.2 选茬

宜选择玉米、大豆、马铃薯和小麦茬口，不宜选择甜菜、向日葵、谷糜茬口，不宜重茬。

4.3 整地

4.3.1 秸秆根茬处理

整地前首先要清除秸秆，然后利用圆盘耙、旋耕机、灭茬犁等进行浅耕灭茬。

4.3.2 秋整地

耕深10~20cm，做到无漏耕；耕后耙平耙碎；及时起垄，起垄后及时镇压。

4.3.3 春整地

早春耕层化冻10~15cm时，及时进行耙耢、起垄、镇压、严防跑墒。

4.4 施肥

肥料使用应符合NY/T 496的规定。有机肥应均匀撒施，每667m^{2}施入腐熟农家肥3 000~5 000kg作底肥，结合秋季深耕翻入底层，或在春耕时浅翻入土。施肥应以基肥为主，追肥为辅原则，每667m^{2}用氮、磷、钾比例为1∶1∶1的复合肥20~25kg作基肥，深施8~10cm或作种肥在播种时一次性施入，种肥深施，应与种子分开，氮肥以长效为宜，也可以在苗高 25~30cm 时，每 667m^{2}追肥尿素 5~7.5kg，追肥要因地制宜，讲求实效。

5 品种选择

应选择通过登记的籽用大麻品种，生育日数小于 130d。大麻种子应符合 GB 4407.2 的规定。

6 种子处理

用清选机选出籽粒饱满、大小均匀的种子。在播种前宜选用多菌灵、多福克或炭疽福美等药剂进行拌种。农药使用应符合 GB/T 8321.9 和 NY/T 1276 的规定。

7 播种

7.1 播期选择

播种应在 5 月 5—15 日进行。

7.2 播种方法

宜采用 65cm 垄作穴播，精量播种机播种，播种深度 3~4cm，有效播种粒数 8 000~10 000 粒/m^2。

7.3 播后镇压

播种后根据墒情适时镇压。

8 田间管理

8.1 除草

播种后及时用除草剂进行封闭除草，封闭除草剂宜选用异丙甲草胺或精异丙甲草胺。苗后除草可采用化学除草和人工除草，化学除草剂可选择精喹禾灵和烯禾啶。农药使用应符合 GB/T 8321.9 和 NY/T 1276 的规定。

8.2 中耕

苗高 10~15cm 时，进行深松一次，苗高 30~40cm 时，进行中耕培土一次。

8.3 定苗

第一次中耕后进行间苗、定苗，株距 50cm。

8.4 灌排水

大麻生长期内，如遇干旱及时灌水。遇强降水和持续降雨应及时将低洼地块的积水排除。灌溉水质应符合 GB 5084 的规定。

9 病虫害防治

坚持“预防为主，综合防治”的原则，优先使用农业防治、物理防治、生物防治，必须采用化学防治时，农药使用应符合 GB/T 8321.9 和 NY/T 1276 的规定。

9.1 病害

大麻病害主要有猝倒病和立枯病，可通过种子包衣预防发生，多菌灵、多福克等拌种失败的情况下可在发病初期叶面喷洒多菌灵；或用普力克水剂和福美双可湿性粉剂的混合液喷施防治。

9.2 虫害

大麻的主要虫害是大麻跳甲和玉米螟，当发生时宜采用溴氰菊酯、啶虫脒、吡虫啉等药剂进行防治。

10 收获

达到种子成熟期的标准应及时收获，可采用机械或人工收割，收割应在 10d 之内完成，晾干后脱粒。

附录十 籽用工业大麻高产栽培技术规程
（DB15/T 2434—2021）

1 范围

本文件规定了内蒙古籽用工业大麻播前准备、播种、田间管理、收获等技术。

本文件适用于内蒙古中西部地区籽用工业大麻的栽培。

2 规范性引用文件

下列文件中的内容通过文中的规范性引用而构成本文件必不可少的条款。其中，注日期的引用文件，仅该日期对应的版本适用于本文件；不注日期的引用文件，其最新版本（包括所有的修改单）适用于本文件。

GB/T 8321 （所有部分）农药合理使用准则

GB 13735 聚乙烯吹塑农用地面覆盖薄膜

NY/T 3252.2 工业大麻种子 第2部分：种子质量

3 术语和定义

下列术语和定义适用于本文件。

3.1 籽用工业大麻 seed hemp

大麻科、大麻属，一年生草本植物，四氢大麻酚（THC）含量低于0.3%的大麻。工业大麻根据其应用方向不同可分为籽用、纤用、籽纤兼用及药用，籽用工业大麻是以采收籽实为主要目的大麻品种类型。

4 播前准备

4.1 选地与整地

选择土地平整、排灌良好、肥力中上等，pH 值 5.8~7.8，无污染，前茬无除草剂残留的地块。耕深 25~30cm，耙耱平整，达到土壤细碎平整、上松下实。

4.2 基肥

每 667m^{2}施入腐熟农家肥 2 000~3 000kg，氮、磷、钾复合肥（1∶1∶1）5kg。

4.3 品种选择

选择四氢大麻酚（THC）含量低于 0.3% 的籽用品种，生育期适宜当地环境。

4.4 种子处理

选择质量符合 NY/T 3252.2 要求的种子。选用 30%的噻虫嗪悬浮剂按药种比 1∶100 进行包衣。

5 播种

5.1 播种期

5~10cm 土层温度稳定在 8~10℃，一般在 4 月中旬至 5 月上旬播种。

5.2 播种量

0.5~1.0kg/667m^2。

5.3 播种方式

采用 70cm 地膜覆盖机械穴播，宽窄行种植。播种深度 3~4cm，地膜质量符合 GB 13735 规定。

5.4　种植密度

宽行距 120cm，窄行距 40cm，穴距 50cm，一穴留双株，每 667m^{2}保苗 3 000 株左右。

6　田间管理

6.1　间苗、定苗

2~3 对真叶期进行间苗，间去弱小苗、畸形苗、生长过旺苗、病虫苗及杂株，每穴留苗 3~4 株；3~4 对真叶，定苗。

6.2　跳甲防治

选用 30%的噻虫嗪悬浮剂 1 500 倍液或 15%的哒螨灵乳油 3 000~4 000 倍液喷雾防治。每隔 3~4d 喷雾一次，连续 2~3 次。农药使用应符合 GB/T 8321 的规定。

6.3　中耕除草

幼苗期中耕除草 1~2 次，结合中耕进行培土护根，封垄后停止中耕。

6.4　水肥管理

7~9 对真叶，快速增长期结合灌水每 667m^2 追施氮 4~5kg。现蕾期、开花期根据土壤干旱程度选无风天气适量灌水，含水量达到田间持水量的 70%~80%。

6.5　割除雄株

现蕾期割除 2/3 的雄株，田间雌、雄株比例控制在 3∶1，当雄株开花结束后及时割除所有雄株。

7 适时收获

在主茎花序中部种子苞片变为黄褐色，种壳颜色变深，有 70%的种子成熟时及时收获，收割作业要轻拿轻放，减少种子脱落。

在麻田晾晒 7~10d 后脱粒。种子晾晒 1~2d，质量符合 NY/T 3252.2 要求，在通风干燥的库房内保存。